新文京開發出版股份有限公司

NEW WCDP

新世紀‧新視野‧新文京－精選教科書‧考試用書‧專業參考書

第6版

實務演示全攻略

中餐烹調

丙級技術士技能檢定

| SIXTH EDITION |

CHINESE FOOD COOKING

 **編著** 歐美琳、陳楷曄、蘇信川、陳恆潔、劉月娥、林詩潔、粘志遠

編輯大意

　　我國素有美食王國之稱,在食的各個面向一直以來皆享譽國際,加以近年來觀光、旅遊業的蓬勃發展,連帶影響餐飲業的興盛,更帶動許多人投入餐飲相關行業,而通過中餐烹調丙級技術士的檢定,便是踏入餐飲業最基本的條件之一。

　　本書集結各方專業人士全心全力投入製作,故具備下列優勢:

1. 資料完備、資訊最新

　　依據勞動部勞動力發展署提供之最新中餐烹調丙級技能檢定資料,包含考試規則、應考須知、學科考題及解答、術科考試題組及詳細食譜教學,並結合作者豐富經歷編寫而成,內容最新、最完備!

2. 循序漸進、好學易懂

　　由基礎的原料、刀工介紹開始,進一步學習特殊刀工、水花與盤飾的演示與製作,並帶入各項考試項目之技巧與重點,使讀者輕鬆打好基礎、扎實技能。

3. 流程明確、印刷精美

　　本書以精美照片輔以簡明作法步驟,清楚呈現考題規定之刀工、水花、盤飾與各道菜式的製作及烹調流程,閱讀舒適、清晰明確,幫助讀者一次上手。

4. 應考便利、輕鬆過關

　　收錄完整報名須知、考試規則、評審評分基準與各項計分項目,方便考生預先做好應考準備,順利通關。

　　工欲善其事,必先利其器,想要考取中餐烹調丙級技術士檢定,本書是您最佳的選擇!

編者簡介

歐美琳

現職：宜蘭縣總工會中餐職訓專任講師

經歷：聖母專科管理學校餐旅科兼任講師、國立羅東高商餐飲科協同教師

證照：中餐烹調（葷素）丙、乙級

陳楷曄

現職：聖母醫護管理專科學校專技教師

經歷：福朋喜來登飯店中餐廳主廚、冬山河香格里拉渡假飯店副主廚、瓏山林度假飯店中餐廳主廚

證照：中餐烹調乙級、西餐烹調丙級、中式麵食－酥油皮糕漿類丙級、烘焙麵包丙級

蘇信川

現職：耕莘健康休閒管理學校餐旅科專任助理教授

經歷：臺灣觀光學院廚藝系兼任講師、聖母專科管理學校餐旅科兼任講師

證照：中餐烹調（葷素）丙、乙級

陳恆潔

現職：喜來登大飯店宴會廳副主廚

經歷：慶泰大飯店廚師、麒麟大飯店廚師、兄弟大飯店廚師、香格里拉冬山河渡假飯店副主廚

證照：中餐烹調（葷素）丙、乙級

劉月娥

現職：群英社區媽媽教室講師

經歷：朋泒料理亭廚師、華美大飯店廚師

證照：中餐烹調丙級

林詩潔

學歷：四維高中餐飲科、臺灣觀光學院餐飲管理系

經歷：花蓮遠來大飯店廚師、花蓮美侖大飯店廚師

證照：中餐烹調丙級、烘培食品西點蛋糕丙級、飲料調製丙級

粘志遠

現職：粘師父食品有限公司負責人

經歷：台北福華飯店澳菜副主廚

證照：中餐烹調丙級

目錄

CONTENTS

Chinese
Food
Cooking

壹

技術士技能檢定
中餐烹調丙級術科
測試應檢人須知

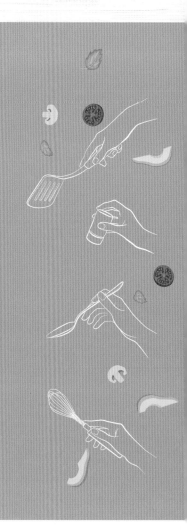

一、一般說明

（一）本試題共有二大題，每大題各十二個小題組，每小題組各三道菜之組合菜單（試題編號：07602-104301、07602-104302）。每位應檢人依抽題辦法進行測試，第一階段「清洗、切配、工作區域清理」測試時間為90分鐘，第二階段「菜餚製作及工作區域清理並完成檢查」測試時間為70分鐘。技術士技能檢定中餐烹調（葷食）丙級術科測試以每日辦理二場次（上、下午各乙場）為原則。

（二）術科辦理單位於測試前14日，將術科測試參考資料寄送給應檢人。

（三）應檢人報到時應繳驗術科測試通知單、准考證、身分證或其他法定身分證件，並穿著依規定服裝方可入場應檢。

（四）術科測試抽題辦法如下：

1. 抽大題：測試當日上午場由術科測試編號最小之應檢人代表自二大題中抽出一大題測試，下午場抽籤前應先公告上午場抽出大題結果，不用再抽大題，直接測試另一大題。若當日僅有1場次，術科辦理單位應在檢定測試前3天內（若遇市場休市、休非術科辦理單位上班日時可提前一天）由單位負責人以電子抽籤方式抽出一大題，供準備材料及測試使用，抽題結果應由負責人簽名並彌封。

2. 抽測試題組：術科測試編號最小之應檢人代表自12個題組中抽出其對應之測試題組，其他應檢人依編號順序依序對應各測試題組；例如應檢人代表抽到301-5題組，下一個編號之應檢人測試301-6題組，其餘（含遲到及缺考）依此類推。編組崗位少於12崗位時，辦理單位仍應準備12題組材料供抽籤應試。

3. 術科測試編號最小者代表抽籤後，應於抽籤暨領用卡單簽名表上簽名，同時由監評長簽名確認。術科辦理單位應記載所有應檢人對應之測試題組，並經所有應檢人簽名確認，以供備查。

4. 如果測試崗位超過12崗且非12的倍數時，超過多少崗位就依序補多少題組，例如抽到301大題的14崗位測試場地，超過2崗位，術科辦理單位備料時除了原來的301-1至301-12的材料（共12組），尚須加上301-1及301-2的材料（共2組），亦即原12組材料加上超過崗位的2組，以應14名應檢人應試。抽籤時，仍由術科測試編號最小之應檢人代表自12個題組中抽出其對應之測試題組，其他應檢人依編號順序依序對應各測試題組。以14崗位，第1號應檢人抽到第4題組為例，對應情形依序如下：

題組	1	2	3	4	5	6	7	8	9	10	11	12	1	2
應檢人	12號	13號	14號	1號	2號	3號	4號	5號	6號	7號	8號	9號	10號	11號

（五）術科測試應檢人有下列情事之一者，予以扣考，不得繼續應檢，其已檢定之術科成績以不及格論：

1. 冒名頂替者。

2. 傳遞資料或信號者。

3. 協助他人或託他人代為實作者。

4. 互換工件或圖說者。

5. 隨身攜帶成品或規定以外之器材、配件、圖說、行動電話、呼叫器或其他電子通訊攝錄器材等。

6. 不繳交工件、圖說或依規定須繳回之試題者。

7. 故意損壞機具、設備者。

8. 未遵守本規則，不接受監評人員勸導，擾亂試場內外秩序者。

（六）應檢人有下列情事者不得進入考場（測試中發現時，亦應離場不得繼續測試）：

1. 制服不合規定。

2. 著工作服於檢定場區四處遊走者。

3. 有吸菸、喝酒、嚼檳榔、隨地吐痰等情形者。

4. 罹患感冒（飛沫或空氣傳染）未戴口罩者。

5. 工作衣帽未保持潔淨者（剁斬食材噴濺者除外）。

6. 除不可拆除之手鐲（應包紮妥當），有手錶，佩戴飾物者。

7. 蓄留指甲、塗抹指甲油、化粧等情事者。

8. 有打架、滋事、恐嚇、說髒話等情形者。

9. 有辱罵監評及工作人員之情形者。

二、應檢人自備工（用）具

（一）白色廚師工作服，含上衣、圍裙、帽，如「應檢人服裝參考圖」；未穿著者，不得進場應試。

（二）穿著規定之長褲、黑色工作皮鞋、內須著襪；不合規定者，不得進場應試。

（三）刀具：含片刀、剁刀（另可自備水果刀、果雕刀、剪刀、刮鱗器、削皮刀，**但不得攜帶水花模具、槽刀、模型刀**）。

（四）白色廚房紙巾 1 包（捲）以下。

（五）包裝飲用水 1~2 瓶（礦泉水、白開水）。

（六）衛生手套、乳膠手套、口罩。衛生手套參考材質種類可為乳膠手套、矽膠手套、塑膠手套（即俗稱手扒雞手套）等，並應予以適當包裝以保潔淨衛生，否則衛生將予以扣分。

（七）可攜帶計時器，但音量應不影響他人操作者。

三、應檢人服裝參考圖

應檢人服裝說明：（不合規定者，不得進場應試）

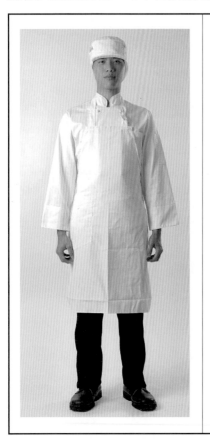

1. 帽子
   (1) 帽型：帽子需將頭髮及髮根完全包住；髮長未超過食指、中指夾起之長度，可不附網，超過者須附網。
   (2) 顏色：白色。

2. 上衣
   (1) 衣型：廚師專用服裝（可戴顏色領巾）。
   (2) 顏色：白色（顏色滾邊、標誌可）。
   (3) 袖：長袖、短袖皆可。

3. 圍裙
   (1) 型式不拘，全身圍裙、下半身圍裙皆可。
   (2) 顏色：白色。
   (3) 長度：過膝。

4. 工作褲
   (1) 黑、深藍色系列、專業廚房素色小格子（千鳥格）之工作褲，長度至踝關節。
   (2) 不得穿緊身褲、運動褲及牛仔褲。

5. 鞋
   (1) 黑色工作皮鞋（踝關節下緣圓周以下全包）。
   (2) 內須著襪。
   (3) 建議具止滑功能。

備註：帽、衣、褲、圍裙等材質以棉或混紡為宜。

四、測試時間配當表

每一檢定場，每日可排定測試場次為上、下午各乙場，如下：

中餐烹調丙級檢定時間配當表		
時間	內容	備註
07：30~07：50	1. 監評前協調會議（含監評檢查機具設備） 2. 上午場應檢人報到、更衣	
07：50~08：30	1. 應檢人確認工作崗位、抽題，並依抽籤結果依序分給應檢人對應的三張卡單 2. 場地設備及供料、自備機具及材料等作業說明 3. 測試應注意事項說明 4. 應檢人試題疑義說明 5. 研讀材料清點卡、刀工作品規格卡，時間10分鐘 6. 應檢人檢查設備及材料（材料清點卡應於材料清點無誤後收回），確認無誤後於抽籤暨領用卡單簽名表簽名 7. 其他事項	應檢人務必研讀卡片（烹調指引卡於中場休息時研讀）
08：30~10：00	上午場測試開始，清洗、切配、工作區域清理	90分鐘
10：00~10：30	評分，應檢人離場休息（研讀烹調指引卡）	30分鐘
10：30~11：40	菜餚製作及工作區域清理並完成檢查	70分鐘
11：40~12：10	監評人員進行成品評審	
12：10~12：30	1. 下午場應檢人報到、更衣 2. 監評人員休息用膳時間	
12：30~13：10	1. 應檢人確認工作崗位、抽題，並依抽籤結果依序分給應檢人對應的三張卡單 2. 場地設備及供料、自備機具及材料等作業說明 3. 測試應注意事項說明 4. 應檢人試題疑義說明 5. 研讀材料清點卡、刀工作品規格卡，時間10分鐘 6. 應檢人檢查設備及材料（材料清點卡應於材料清點無誤後收回），確認無誤後於抽籤暨領用卡單簽名表簽名 7. 其他事項	應檢人務必研讀卡片（烹調指引卡於中場休息時研讀）
13：10~14：40	下午場測試開始，清洗、切配、工作區域清理	90分鐘
14：40~15：10	評分，應檢人離場休息（研讀烹調指引卡）	30分鐘
15：10~16：20	菜餚製作及工作區域清理並完成檢查	70分鐘
16：20~16：50	監評人員進行成品評審	
※應檢人盛裝成品所使用之餐具，由術科辦理單位服務人員負責清理		

Chinese
Food
Cooking

MEMO

Chinese
Food
Cooking

技術士技能檢定
中餐烹調丙級術科
測試試題

一、共通原則說明

（一）測試進行方式

　　測試分兩階段方式進行，第一階段應於90分鐘內完成刀工作品及擺飾規定，第一階段完成後由監評人員進行第一階段評分，應檢人休息30分鐘。第二階段應於刀工作品評分後，於70分鐘內完成試題菜餚烹調作業。除技術評審外，全程並有衛生項目評審。

　　第一、二階段及衛生項目分別評分，有任一項（含）以上不合格即屬術科不合格。

　　應檢人在測試前說明會時，於進入測試場前，必須研讀二種卡單（第一階段測試過程刀工作品規格卡與應檢人材料清點卡），時間10分鐘。於中場休息的時間可以再研讀第二階段測試過程烹調指引卡。測試過程中，二種卡單可隨時參考使用。

（二）材料使用說明

1. 離島地區魚類請依試題優先選用吳郭魚、鱸魚，如為冷凍食材須在測試前協助解凍，若前揭材料購買困難時，僅離島地區得以鯛類、斑類有帶魚鱗之魚種取代。

2. 各測試場公共材料區需備12個以上的雞蛋，供考生自由取為上漿用。

3. 所有題組的食材，取量切配之後，剩餘的食材，包含雞骨、雞皮、魚骨皆需繳交於回收區，不得浪費；受評刀工作品至少需有3/4符合規定尺寸，總量不得少於規定量。

4. 合格廠商：應在臺灣有合法登記之營業許可者，至於該附檢驗證明者，各檢定承辦單位自應取得。

（三）洗滌階段注意事項

　　在進行器具及食材洗滌與刀工切割時不必開火，但遇難漲發（乾香菇、乾魷魚、乾木耳）、需先熟化（鹹蛋黃）或未汆燙切割不易的新鮮菇類（如杏鮑菇、洋菇）者，得於洗器具前燒水或起蒸鍋以處理之，處理妥當後應即熄火，但為評分之整體考量，不得作其他菜餚之加熱前處理。

（四）第一階段刀工共同事項

1. 食材切配順序需依中餐烹調技術士技能檢定衛生評分標準之規定。

2. 菜餚材料刀工作品以配菜盤分類盛裝受評，同類作品可置同一容器但需區分不可混合（蔥、薑、紅辣椒絲除外）。

3. 每一題組指定水花圖譜三式，選其中一種切割且形體類似具美感即可，另自選樣式一式，應檢人可由水花參考圖譜選出或自創具美感之水花樣式，於蔬果類切配時切割（可同類）。

4. 盤飾依每一題組指定盤飾（擇二），須依規定圖譜之所有指定材料，符合指定盤飾。於蔬果類切配時直接生切擺飾於10吋瓷盤，置於熟食區檯面待評。

5. 除盤飾外，本題庫之烹調作品並無生食狀態者。

6. 限時90分鐘。

7. 測試階段自開始至刀工作品完成，作品完成後，應檢人須將規定受評作品依序整齊擺放於調理檯（準清潔區）靠走道端受評，部分無須受評之刀工作品則置於調理檯（準清潔區）之另一邊，刀工作品規格卡置於兩者中間，應檢人移至休息區。

8. 乾貨、特殊調味料或醬料、粉料、香料等若未發妥，應在第一階段完成後或第二階段測試開始前令應檢人自行取量備妥，以免影響其權益。

9. 第一階段離場前需將水槽、檯面做第一次整潔處理，廚餘、垃圾分置廚餘、垃圾桶，始可離場休息。

10.規定受評之刀工作品須全數完成方具第一階段刀工受評資格，未全數完成者，其評分表評為不合格，仍可進行第二階段測試。

11.規定受評之刀工作品已全數完成，但其他配材料刀工（不評分者）未完成者，可於第二階段測試時繼續完成，並不影響刀工作品成績，惟需符合切配之衛生規定。

（五）第二階段烹調共同事項

1. 每組調味品至少需備齊足量之鹽、糖、味精、白胡椒粉、太白粉、醬油、料理米酒、白醋、香油、沙拉油。

2. 第二階段於應檢人就定位後，應就未發妥之乾貨、特殊調味料或醬料、粉料、香料等，令應檢人自行取量備妥，再統一開始第二階段之測試，繼續完成規定之3道菜餚烹調製作。應檢人於測試開始前未作上述已告知之準備工作者，於後續操作中無需另給時間。

3. 烹調完成後不需盤飾,直接取量(份量至少6人份,以規定容器合宜盛裝)整形而具賣相出菜,送至評分室,應檢人須將烹調指引圖卡及規定作品整齊擺放於各組評分檯,並完成善後作業。

4. 6人份不一定為6個或6的倍數,是指足夠六個人食用的量。

5. 包含善後工作70分鐘內完成。

【 考試食材總彙 】

紅甜椒

黃甜椒

青椒

紅辣椒

杏鮑菇

紅蘿蔔

青江菜

茄子

大黃瓜

小黃瓜

青蔥

芹菜

西洋芹

荸薺

馬鈴薯

洋蔥

豆薯

生香菇

板豆腐

盒裝豆腐

黑豆乾　　　　九層塔　　　　四季豆　　　　香菜

檸檬　　　　　酸菜心　　　　桶筍（加工筍）　冬瓜

豆芽菜　　　　中薑、嫩薑　　蒜頭　　　　　雞腿

家鄉肉　　　　里肌肉　　　　小排骨　　　　雞胸肉

豬絞肉　　　　花枝　　　　　鱸魚　　　　　吳郭魚

白蝦　　　　　大白菜　　　　冬菜

雞蛋

鹹蛋

鹹蛋黃

皮蛋

乾魷魚

蝦米

長糯米

花椒粒

乾辣椒

乾木耳

大香菇

麵粉

地瓜粉

太白粉

泡達粉

菜燕條

玉米粒

麵筋泡

《 考試菜餚調味料總彙 》

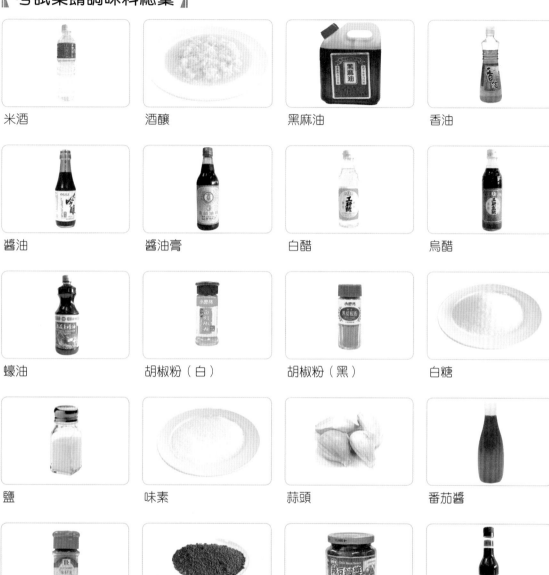

米酒 　　　 酒釀 　　　 黑麻油 　　　 香油

醬油 　　　 醬油膏 　　　 白醋 　　　 烏醋

蠔油 　　　 胡椒粉（白） 　　　 胡椒粉（黑） 　　　 白糖

鹽 　　　 味素 　　　 蒜頭 　　　 番茄醬

五香粉 　　　 紅麴粉 　　　 辣豆瓣醬 　　　 辣醬油

辣椒醬

（六）試題總表

➲ 試題編號：07602-104301

題組	菜單內容	主要刀工	烹調法	主材料類別
301-1	青椒炒肉絲 茄汁燴魚片 乾煸四季豆	絲 片 末	炒、爆炒 燴 煸	大里肌肉 鱸魚 四季豆
301-2	燴三色肉片 五柳溜魚條 馬鈴薯炒雞絲	片 條、絲 絲	燴 脆溜 炒、爆炒	大里肌肉 鱸魚 馬鈴薯、雞胸肉
301-3	蛋白雞茸羹 菊花溜魚球 竹筍炒肉絲	茸 剞刀厚片 絲	羹 脆溜 炒、爆炒	雞胸肉 鱸魚 桶筍、大里肌肉
301-4	黑胡椒豬柳 香酥花枝絲 薑絲魚片湯	條 絲 片	滑溜 炸、拌炒 煮（湯）	大里肌肉 花枝（清肉） 鱸魚
301-5	香菇肉絲油飯 炸鮮魚條 燴三鮮	絲 條 片	蒸、熟拌 軟炸 燴	大里肌肉 鱸魚 大里肌肉、鮮蝦、花枝
301-6	糖醋瓦片魚 燜燒辣味茄條 炒三色肉丁	片 條、末 丁	脆溜 燒 炒、爆炒	鱸魚 茄子 大里肌肉
301-7	榨菜炒肉片 香酥杏鮑菇 三色豆腐羹	片 片 指甲片	炒、爆炒 炸、拌炒 羹	大里肌肉 杏鮑菇 盒豆腐
301-8	脆溜麻辣雞球 銀芽炒雙絲 素燴三色杏鮑菇	剞刀厚片 絲 片	脆溜 炒、爆炒 燴	雞胸肉 綠豆芽 杏鮑菇
301-9	五香炸肉條 三色煎蛋 三色冬瓜捲	條 片 絲、片	軟炸 煎 蒸	大里肌肉 雞蛋 冬瓜
301-10	涼拌豆乾雞絲 辣豉椒炒肉丁 醬燒筍塊	絲 丁 滾刀塊	涼拌 炒、爆炒 紅燒	大豆乾、雞胸肉 大里肌肉 桶筍
301-11	燴咖哩雞片 酸菜炒肉絲 三絲淋蛋餃	片 絲 絲	燴 炒、爆炒 淋溜	雞胸肉 酸菜、大里肌肉 雞蛋
301-12	雞肉麻油飯 玉米炒肉末 紅燒茄段	塊 末、粒 段、片	生米燜煮 炒 紅燒	仿雞腿 玉米 茄子

◯ **試題編號：07602-104302**

題組	菜單內容	主要刀工	烹調法	主材料類別
302-1	西芹炒雞片 三絲淋蒸蛋 紅燒杏菇塊	片 絲 滾刀塊	炒、爆炒 蒸、羹 紅燒	雞胸肉 雞蛋 杏鮑菇
302-2	糖醋排骨 三色炒雞片 麻辣豆腐丁	塊、片 片 丁、末	溜 炒、爆炒 燒	小排骨 雞胸肉 板豆腐
302-3	三色炒雞絲 火腿冬瓜夾 鹹蛋黃炒杏菇條	絲 雙飛片、片 條	炒、爆炒 蒸 炸、拌炒	雞胸肉 冬瓜 杏鮑菇
302-4	鹹酥雞 家常煎豆腐 木耳炒三絲	塊 片 絲	炸、拌炒 煎 炒、爆炒	雞胸肉 板豆腐 木耳
302-5	三色雞絲羹 炒梳片鮮筍 西芹拌豆乾絲	絲 片、梳子片 絲	羹 炒、爆炒 涼拌	雞胸肉 桶筍 大豆乾
302-6	三絲魚捲 焦溜豆腐塊 竹筍炒三絲	絲、雙飛片 塊 絲	蒸 焦溜 炒、爆炒	鱸魚 板豆腐 桶筍
302-7	薑味麻油肉片 醬燒煎鮮魚 竹筍炒肉丁	片 絲 丁	煮 煎、燒 炒、爆炒	大里肌肉 吳郭魚 桶筍
302-8	豆薯炒豬肉鬆 麻辣溜雞丁 香菇素燴三色	鬆 丁 片	炒 滑溜 燴	豆薯、大里肌肉 仿雞腿 乾香菇
302-9	鹹蛋黃炒薯條 燴素什錦 脆溜荔枝肉	條 片 剞刀厚片	炸、拌炒 燴 脆溜	馬鈴薯 桶筍 大里肌肉
302-10	滑炒三椒雞柳 酒釀魚片 麻辣金銀蛋	柳 片 塊	炒、滑炒 滑溜 炒	雞胸肉 吳郭魚 皮蛋、熟鹹蛋
302-11	黑胡椒溜雞片 蔥燒豆腐 三椒炒肉絲	片 片 絲	滑溜 紅燒 炒、爆炒	雞胸肉 板豆腐 大里肌肉
302-12	馬鈴薯燒排骨 香菇蛋酥燜白菜 五彩杏菇丁	塊 片、塊 丁	燒 燜煮 炒、爆炒	小排骨 香菇、大白菜 杏鮑菇

二、參考烹調須知

（一）分為總烹調須知及題組烹調須知

1. 總烹調須知：規範本職類術科測試試題之基礎說明、刀工尺寸標準、烹調法定義及食材處理手法釋義。除題組烹調須知另有規定外，所有考題依據皆應遵循總烹調須知。

2. 題組烹調須知：已分註於24組題庫內容中，規範題組每小組之刀工尺寸標準、水花片、盤飾、烹調法及烹調、調味規定。題組烹調須知未規定部分，應遵循總烹調須知。

（二）總烹調須知

1. 菜餚刀工講究一致性，即同一道菜餚的刀工，尺寸大小厚薄粗細或許不一，但是形狀應為相似。菜餚的刀工無法齊一時，主材料為一種刀工或原形食材，配材料應為另一類相似而相互襯映之刀工。

2. 題組未受評的刀工作品，亦須按題意需求自行取量切配，以供烹調所需。切割規格不足者，可當回收品（需分類置於工作檯下層），結束後分類送至回收處，不隨意丟棄，避免浪費。

3. 受評的各種刀工作品，規定的數量可能比實際烹調需用量多，烹調時可依據實際需求適當地取量與配色，即烹調完成後，可能會有剩餘的刀工作品，請分類送至回收處。

4. 水花片指依試題規定以（紅）蘿蔔或其他根莖、瓜果類食材切出簡易樣式的象形蔬菜片做為配菜用。以刀法簡易、俐落、切痕平整為宜，搭配菜餚形象、大小、厚薄度（0.3~0.4公分）。

5. 水花切割一般是在切配過程中，依片或塊狀刀工菜餚的需求，以刀工作簡易線條的切割。本試題提供35種樣式圖譜供參照（詳水花片參考圖譜）。

6. 水花指定樣式，指應檢人須參照規格明細之水花片圖譜型式其中一種切割，或切割出具有美感之類似形狀。自選樣式，指應檢人可由水花片圖譜選出或自創具美感之水花樣式進行切割。每一個水花片大小、形狀應相似。每一題組皆須切出指定與自選二款水花各6片以上以受評，並適宜地取量（二款皆需取用）加入烹調，未依規定加水花烹調，亦為不符題意。

7. 水花的要求以象形、美感、平整、均衡（與菜餚搭配），依指定圖完成，可受公評並獲得普遍認同之美感。

8. 盤飾指以食材切割出大小一致樣式，擺設於餐盤，增加菜餚美觀之刀工。以刀法簡易、俐落、切痕平整、盤面整齊、分布均勻（對稱、中隔、單邊美化、集中強化皆可）及整體美觀為宜。如測試之題組無紅辣椒，則盤飾可不加紅點。

9. 盤飾指定樣式指應檢人參照規格明細之盤飾圖譜型式切擺。每一題組皆須從**指定盤飾三選二**，切擺出二種樣式受評。

10.盤飾的要求以美感、平整、均勻、整齊、對稱。但須可受公評並獲得普遍認同之美感。

三、測試題組內容

　　本套試題分301大題及302大題，兩大題各再分12題組，分別為301-1、301-2、301-3、301-4、301-5、301-6、301-7、301-8、301-9、301-10、301-11、301-12、302-1、302-2、302-3、302-4、302-5、302-6、302-7、302-8、302-9、302-10、302-11、302-12，每題組有三道菜，各題組試題說明詳見後續章節。

附錄 ❶ 刀工操作示範

《 基本刀工 》

薑絲

薑末

薑菱片

薑水花菱片(1)－步驟1

薑水花菱片(1)－步驟2

薑水花長片(2)－步驟1

薑水花長片(2)－步驟2

蒜片

蒜絲

蒜末

辣椒條

辣椒絲

辣椒斜菱丁

辣椒末

蔥段

蔥絲

蔥斜菱形

蔥丁

蔥花

蔥末

紅蘿蔔滾刀塊

紅蘿蔔斜菱丁

紅蘿蔔指甲片

紅蘿蔔小四方丁

紅蘿蔔條狀

紅蘿蔔絲

紅蘿蔔粒

紅蘿蔔末

青椒小四方片

青椒小菱形片

青椒大菱形片

青椒條

青椒絲

黃甜椒條

黃甜椒絲

黃甜椒小菱形

黃甜椒大菱形

紅甜椒條

紅甜椒絲

紅甜椒大菱形（片）

紅甜椒小菱形

小黃瓜絲

小黃瓜斜菱片

小黃瓜斜菱丁

小黃瓜四方丁

小黃瓜滾刀塊

竹筍細條

竹筍筍花片

竹筍四方丁

竹筍梳子片－步驟1
（切長6cm，寬2.5cm
長條）

竹筍梳子片－步驟2
（用直刀拉刀法）

竹筍梳子片－步驟3
（切厚0.3cm間距）

竹筍梳子片－步驟4

竹筍絲

竹筍粒

竹筍滾刀塊

茄條

茄段

杏鮑菇滾刀塊

杏鮑菇片

杏鮑菇條

杏鮑菇丁

馬鈴薯滾刀塊

馬鈴薯條

馬鈴薯絲

洋蔥條

洋蔥菱形片

洋蔥小菱形片

冬瓜挑選果肉厚，切
6×12cm以上長條

於片刀平推切6薄片

完成

冬瓜挑選果肉厚，切 6×12cm

對半切割修平

換面直刀以蝴蝶刀切割 兩邊厚度各切0.3cm

第一刀不斷第二刀切斷

切6片

生鮮香菇片（斜刀）

乾貨香菇粒

乾香菇絲

五香大豆乾絲

五香大豆乾片

板豆腐三角塊

盒裝豆腐菱形片

豆薯粒

四季豆段（長約7cm）

荸薺長粒

家鄉肉片
（5×3×0.3cm）

直切

完成

乾魷魚絲（切橫絲）

酸菜絲

西芹絲

西芹條

西芹中間對切成兩長條

片切西芹

用內斜刀切法

西芹菱形片

乾木耳丁片

乾木耳菱形片

乾木耳絲

【 特殊刀工 】

鱸魚處理示意圖

1 鱸魚去鱗、內臟、鰓

2 直切魚去頭動作1

3 直切魚去頭動作2

4 直切魚去頭動作3

5 直切魚去尾巴

6 背鰭上方用平刀切一刀動作1

7 背鰭上方用平刀切一刀動作2

8 腹鰭上方用平刀法切一刀

9 從後端取出魚肉片

10 取出魚肉片

11 切割魚頭下巴動作1

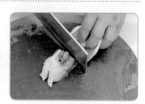
12 切割魚頭下巴動作2（分離）

13 用平刀法在尾巴劃一刀（45度角）

14 用平刀法在尾巴劃第二刀（45度角）

15 魚骨用剪刀剪掉

16 修飾尾巴

17 修飾尾巴後完成圖

18 頭尾完成圖

魚去除腹刺示意圖

1 斜刀去除腹刺動作1

2 斜刀去除腹刺動作2

3 直刀去除腹刺

4 完成去腹刺

5 無骨刺魚肉片完成圖

魚切雙飛片示意圖

1 以斜刀切每片7×2cm

2 第一刀不斷,第二刀切斷

3 兩片魚肉最少要切成6片雙飛片

4 雙飛片完成圖

魚去皮示意圖

1 無骨刺魚肉片

2 魚肉尾端留2cm,直刀下切到魚皮

3 魚肉直刀切成雙半動作

4 直刀切魚肉去皮

5 再以斜刀15度切魚肉

6 右手拿刀往前推,左手將魚片往後推

7 完成去皮魚肉片

魚切條示意圖

 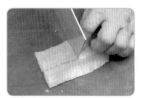  

1 魚肉切條　　　**2** 直刀切6×1×1cm　　　**3** 相同刀法完成切魚條　　　**4** 切魚條完成圖

魚切斜片示意圖

1 無骨刺魚肉片　　　**2** 魚肉切斜片刀法1　　　**3** 魚肉切斜片刀法2

魚肉花刀直刀法與斜刀法示意圖（魚肉腹十字刀法）

1 直刀將無骨刺魚肉片對半切開　　　**2** 帶皮魚肉從中對切成2條　　　**3** 魚肉切成兩片（6cm×3~4cm×0.4~0.6cm）　　　**4** 每間隔0.5cm切紋，直刀深度2/3

5 魚肉切7×3cm　　　**6** 完成圖

里肌肉去筋膜示意圖

1 大里肌肉

2 用直刀推拉切動作1

3 用直刀推拉切動作2

4 用平刀法去除筋膜刀法1

5 用平刀法去除筋膜刀法2

6 用平刀法去除筋膜刀法3

7 完成去除筋膜里肌肉

里肌肉切片示意圖

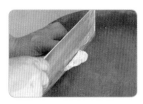
1 里肌肉切片狀刀法1（修邊）

2 里肌肉切片狀刀法2（修邊）

3 里肌肉切片狀刀法3（切6×3×0.3cm）

4 里肌肉用直刀推拉切刀法切片

5 里肌肉完成切片形狀

里肌肉切丁示意圖

1 切高1cm的片狀　　2 切厚1cm的條狀　　3 切1cm的方丁　　4 完成圖

里肌肉切絲示意圖

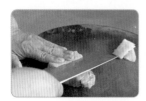   

1 里肌肉切絲刀法（切6×0.3×0.3cm）　2 里肌肉用平刀法切片　3 里肌肉用直刀法推拉切　4 里肌肉完成切絲

里肌肉切條示意圖

  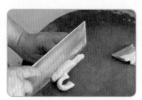 

1 里肌肉切成條狀刀法（切6×0.8×0.8cm）　2 里肌肉用直刀法推切1　3 里肌肉用直刀法推切2　4 里肌肉完成切條狀

里肌肉切粒狀示意圖

1 里肌肉用平刀法或直刀法切片

2 里肌肉用直刀法切絲條狀1

3 里肌肉用直刀法切絲條狀2

4 里肌肉用直刀法切絲條狀3

5 里肌肉用直刀推切刀法1

6 里肌肉用直刀推切刀法2（切0.3cm粒狀）

7 里肌肉用直刀推切刀法3

8 里肌肉完成切粒狀

荔枝肉示意圖

1 大里肌肉

2 里肌肉用平刀法去筋膜

3 切肉8×4×0.4cm

4 每間隔0.5cm，深度0.3cm

5 外表做成荔枝狀動作1

6 外表做成荔枝狀動作2

7 完成圖

切排骨示意圖

1 排骨條

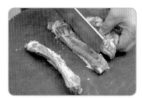

2 剁骨朝下，肉朝上，避免肉破碎

3 直刀切3×3cm，烹調時食材比較容易入口

4 完成圖

雞胸肉去皮去骨示意圖

1 雞胸肉

2 雞胸肉用直刀法切開

3 雞胸肉用斜刀法去皮

4 完成雞胸肉去皮動作

5 雞胸肉用斜刀法

6 雞胸肉用刀尖切開1

7 雞胸肉用刀尖切開2

8 雞胸肉完成去骨動作

雞胸肉切片示意圖

1 無骨雞胸肉

2 雞胸肉片切寬6cm長條

3 寬6cm長條再切成寬3cm厚0.3cm

4 雞胸肉完成切片動作

雞胸肉切絲示意圖

1 無骨雞胸肉

2 雞 胸 肉 切 絲 刀 法 1 （ 切 6×0.3×0.3cm ）

3 雞胸肉切絲刀法2

雞胸肉切條示意圖

1 雞 胸 肉 切 條 狀 刀 法 1 （ 切 6×0.8×0.8cm ）

2 雞胸肉切條狀刀法 2

3 雞胸肉完成切條狀 動作

雞胸肉切花刀直刀法與斜刀法示意圖

1 雞胸肉切花刀直刀 法

2 每間隔0.5cm切 紋，直刀深度2/3

3 雞胸肉切花刀直刀 法

4 雞胸肉切花刀完成 直刀法

5 雞胸肉切花刀斜刀 法1

6 雞胸肉切花刀斜刀 法2

7 雞胸肉切花刀斜刀 法3

8 完成雞胸肉切花刀 動作

雞蓉過程圖

1 無骨雞胸肉

2 雞胸肉去筋

3 雞胸肉切1.5cm雞丁

4 將雞丁拍碎

5 將拍碎的雞丁用刀背剁成泥狀

6 再用刀背壓碎

7 雞蓉完成圖（要再加水加油拌勻）

雞腿肉去邊骨示意圖

1 帶骨雞腿肉

2 雞腿肉去邊骨刀法1

3 雞腿肉去邊骨刀法2

4 完成雞腿肉去邊骨

雞腿肉去骨示意圖

1 沿骨架下刀，從中間切開

2 用直刀法將骨肉分離

3 沿骨架先將兩邊肉分離

4 從中間關節切開

5 將大腿骨取出

6 雞腿肉完成去骨

雞腿肉內面斷筋膜示意圖

1 雞腿肉內面斷筋膜
刀法1（用刀尖將
筋劃斷）

2 雞腿肉內面斷筋膜
刀法2

3 雞腿肉內面斷筋膜
刀法3

雞腿肉切丁示意圖

1 直刀切1.5cm長條

2 直刀切1.5cm方丁

3 雞腿肉完成切丁

吳郭魚取魚肉示意圖

1 吳郭魚去鱗、內
臟、黑煙血槽鰓

2 吳郭魚以直刀去頭

3 吳郭魚完成去頭

4 吳郭魚以直刀去尾
巴

5 吳郭魚完成去尾巴
（頭尾留起備用）

6 吳郭魚背鰭上方用
平刀切一刀

7 吳郭魚腹鰭上方用
平刀切一刀

8 從尾端起出兩片吳
郭魚肉片

9 完成起魚肉動作

吳郭魚去除腹刺示意圖

1 以斜刀去除腹刺

2 順魚腹刺形狀刀口往上

3 去除魚腹刺後將四邊修齊

4 完成去腹刺動作

花枝切橫絲示意圖

1 去皮花枝外形

2 花枝背部

3 花枝內面

4 花枝從中對切開來

5 花枝對半再以平刀切成兩片

6 花枝切橫絲完成（切6×0.3×0.3 cm）

花枝梳子片示意圖

1 以直刀切寬6cm花枝片

2 以直刀每間隔0.5cm，深度2/3切紋

3 以斜刀切厚0.3cm，寬0.4cm片狀

4 完成圖

白蝦處理示意圖

1 白蝦外形

2 以牙籤在第3關節處剔除腸泥

3 白蝦去殼動作

4 白蝦去殼後變成蝦仁

5 以平刀將蝦仁橫切為兩片動作1

6 以平刀將蝦仁橫切為兩片動作2

7 完成圖

附錄 ❷　　水花參考圖譜

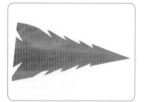

〖 精選水花示範 〗

四方形作品示範 1

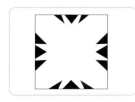

參考圖
（雕去黑色部分）

1 正四方形4cm，厚2cm

2 1.5cm中間割V字形

3 每面中間切割V字形凹槽狀

4 中間V形凹處邊0.2cm下刀0.8~1cm深

5 左右都在中間相同點下一直刀一斜刀

6 完成正方四邊蝶形水花

7 切片擺盤，每片厚0.3~0.4cm

※ 中間以凹槽刀法45度，觸角下刀25度再一刀45度

四方形作品示範 2

參考圖
（雕去黑色部分）

1 正四方形4cm，厚2cm

2 正方形邊長分四點在1cm處下一直刀一斜刀往內切

3 中間點以0.2cm，V字形切割

4 每邊對角切割小三角形

5 每邊左右相同在1cm點以內一直一斜切割

6 完成正方四邊斜形水花

7 切片擺盤，每片厚0.3~0.4cm

※ 邊角下刀直刀法，再以25度下刀

四方形作品示範 3

參考圖
（雕去黑色部分）

1 正四方形4cm，厚2cm

2 左中間點預留0.3cm處下刀切割

3 在中間點預留0.15cm處下直刀再一斜刀切出凹槽

4 換邊中間預留0.15cm下直刀再一斜刀切割

5 左右兩邊中間留點切割斜刀凹槽

6 左右兩邊斜刀0.8~1cm切深觸鬚

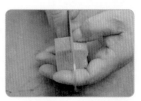

7 底部在中間點預留0.3cm處下刀

8 左右邊各在0.5cm處下V字形切割凹槽

9 前端中點預留點斜刀切割

10 完成蝴蝶形水花

11 切片擺盤，每片厚0.3~0.4cm

※ 觸鬚長0.8cm，凹槽刀45度，鋸齒刀狀25度

菱形作品示範 1

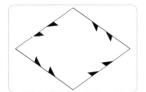

參考圖
（雕去黑色部分）

1 長條斜刀切割四面相等長菱形狀

2 中間角0.5cm上下平刀切割鋸齒狀

3 在中間第二層0.5cm相同上下平刀切割鋸齒狀

4 換邊中間0.5cm處上下平刀切割鋸齒狀

5 中間第二層0.5cm相同上下平刀切鋸齒狀，換邊相同刀法

6 完成菱形鋸齒水花

7 切片擺盤，每片厚0.3~0.4cm

※ 邊長5cm，中間寬2.5cm，四角相同2.5cm高

菱形作品示範 2

參考圖
（雕去黑色部分）

1 長條斜刀切割四面相等菱形狀

2 在中間角0.5cm斜刀切0.2cm深鋸齒狀

3 再間隔0.5cm斜刀切0.2cm深鋸齒狀

4 第二部分0.3cm處下斜刀切割

5 右邊底部斜刀切2cm深斜刀，換邊相同刀法

6 完成菱形水花

7 切片擺盤，每片厚0.3~0.4cm

※ 鋸齒刀25度，觸鬚下刀以平刀推入

半圓形作品示範 1

參考圖
（雕去黑色部分）

1 紅蘿蔔前段切圓片再切半圓狀（5cm長）

2 可選左右邊0.5cm直刀切割去餘肉

3 切割平點以中間上下方各留0.2cm處切割葉柄

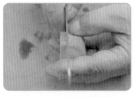

4 切割平點以中間下方0.15cm處切割葉柄

5 平刀葉柄邊修圓弧狀

6 上方葉柄處及邊角平刀修圓弧狀

7 下角平處角邊修圓弧狀

8 底部葉柄處平刀切割

9 上方圓弧及底部2cm處，每間隔0.5cm平刀切割鋸齒狀

10 完成葉狀水花

11 切片擺盤，每片厚0.3~0.4cm

半圓形作品示範 2

參考圖
（雕去黑色部分）

1 在紅蘿蔔前端切圓厚片再對切半圓片（5cm長）

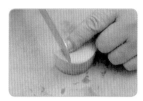

2 左右選一邊在0.5cm下刀切割，去多餘肉

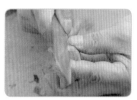

3 在切割平刀處0.5cm往內斜刀切割

4 在切割平刀處0.5cm處往內斜刀切割小凹槽

5 換邊切割平刀0.5cm處往內斜刀切割

6 在換邊平刀0.5cm處往內斜刀切小凹槽

7 在上方靠近姆指壓處斜刀0.2cm深切割

8 在上方每一個切割點都是留0.3cm處下刀

9 底部切割上下要相同平線切割V形狀

10 葉狀水花完成

11 切片擺盤，每片厚0.3~0.4cm

半圓形作品示範 3

參考圖
（雕去黑色部分）

1 紅蘿蔔前端切圓片再切對半（6cm長）

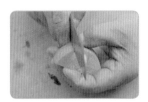

2 在2cm點下斜刀

3 由底部平刀推切上來

4 由底部平刀推切上來到接點

5 斜刀一片片切割魚背鰭

6 再由底部平刀推刀2cm皮，切到背鰭接點

7 再換面先在尾巴2cm處斜下刀

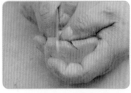

8 換另外一邊1cm處下刀，再由前端平刀推上上1cm處接點

9 由中段斜刀推至尾部接點

10 尾巴部分斜刀兩邊切出V形狀，再換另一邊1cm處下刀斜切

11 以斜平刀推切修圓頭部點

12 換面，頭部點平推修圓

13 底部平推刀修圓魚頭部，再換面平推刀修圓

14 完成半圓魚水花片

15 切片擺盤，每片厚0.3~0.4cm

半圓形作品示範 4

參考圖
（雕去黑色部分）

1 紅蘿蔔削端切圓對半切成半圓狀（5cm長）

2 自選一邊下刀切平

3 切平面處0.4cm斜切下刀

4 平面選中間點往內平刀推切到接點再換邊下刀

5 平面中間往上平刀推上接點

6 換面在半圓切平面上1.5cm下刀切鋸齒狀

7 由半圓底部平刀推上到3cm點停，再由半圓底部平刀推上切除餘肉到接點

8 刀刃一片片斜刀切表面鋸齒狀

9 換底部1.5cm處斜刀切表皮鋸齒狀

10 完成長三角葉狀水花

11 切片擺盤，每片厚0.3~0.4cm

半圓形作品示範 5

參考圖
（雕去黑色部分）

1 紅蘿蔔前端切圓再切對半圓形（6cm長）

2 刀子2cm點斜切

3 刀子由下往上平推割成凹槽

4 從凹槽處上方斜推刀切鋸齒狀，將多餘廢料切除

5 第二層相同25度斜入推切鋸齒狀，再從凹槽處上方斜推刀切鋸齒狀

6 換在平面中間點切割兩邊切V字

7 在V字旁平刀推割觸鬚，多餘廢料拿掉

8 換另一面從半圓邊平刀推刀割凹槽，相同刀工將多餘廢料拿掉

9 上下兩面下刀線條相同

10 完成蝴蝶水花

11 切片擺盤，每片厚0.3~0.4cm

半圓形作品示範 6

參考圖
（雕去黑色部分）

1 紅蘿蔔前端切圓狀再對切成半圓狀

2 各在2.5cm處平刀推割

3 左右兩邊刀工相同

4 尾巴左右相同點下刀

5 在推刀修圓

6 在尾巴平刀推割鋸齒狀

7 在換邊平刀推割鋸齒狀

8 左右兩邊平刀推割相同鋸齒狀

9 在尾點凹槽處邊平刀推割鋸齒狀，並將多餘廢料拿掉

10 片刀平推切修圓凹槽

11 左右邊平刀修圓

12 平面2.5cm中間點平刀推切

13 平面2.5cm中間下刀及左邊2.5cm中間斜刀切老鷹頭形，後再片刀推割多餘廢料拿掉

14 完成水花片

15 切片擺盤，每片厚0.3~0.4cm

三角形作品示範

參考圖
（雕去黑色部分）

1 圓狀切成三角形，
長4cm，底3cm

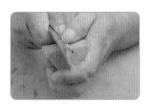

2 底部在右邊1.3cm
處下刀

3 底部左邊在1.5cm
斜刀推切

4 山形切割V形切法

5 山形切割三處V形
切法

6 左右兩邊相同V形
切割法

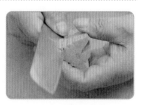

7 相同V形推切法

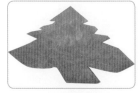

8 完成三角水花形

9 切片擺盤，每片厚
0.3~0.4cm

※ 三角切割法：左右兩邊各在1cm處，由下往上
推切V形

三角尖形作品示範

參考圖
（雕去黑色部分）

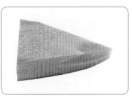

1 紅蘿蔔尾端長6cm
切下修成長三角形

2 左右兩邊各留1cm
刀子測量

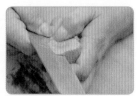

3 底部平面斜推刀鋸
齒狀

4 換切長邊由上推切
鋸齒狀，左右兩邊
刀工相同

5 片刀斜切每一層鋸
齒狀，拿掉多餘廢
料，另一邊刀工同

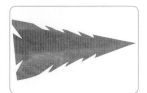

6 完成聖誕樹水花

7 切片擺盤，每片厚
0.3~0.4cm

長方形作品示範 1

參考圖
（雕去黑色部分）

1 紅蘿蔔尾部5cm切段再修成長四角形

2 刀子中間測量再下刀

3 片刀斜切小凹槽

4 換邊中間片刀斜切小凹槽

5 片刀推割鋸齒狀

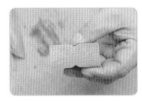

6 兩邊中間小凹處相同

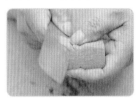

7 每層刀子推切鋸齒狀，多餘廢料拿掉

8 第二層切割觸鬚平刀推割，左右及換邊上下刀工相同

9 換短邊左右兩邊平刀推切小凹槽

10 完成長壽字形水花

11 切片擺盤，每片厚0.3~0.4cm

長方形作品示範 2

參考圖
（雕去黑色部分）

1 紅蘿蔔尾段5cm切段再修長四角形

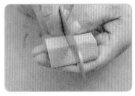

2 長中間兩邊各留0.2cm點下刀

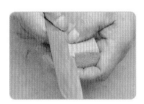

3 左右兩邊斜刀由內往外切割

4 每一鋸齒狀刀工由內往外切割

5 換邊上下刀工相同切鋸齒狀由內往外

6 長方形水花

7 切片擺盤，每片厚0.3~0.4cm

薑水花片作品示範 1

參考圖
（雕去黑色部分）

1 薑選肉厚切長段再修半圓再選一邊切平

2 先切葉梗，兩邊各留0.2cm由內切割

3 葉梗邊刀子推切

4 刀子平推修圓

5 先在葉梗有弧度上方2.5cm斜刀切割鋸齒狀

6 每一刀工切割往內切相同鋸齒狀

7 由葉尖底部由下往上推割到接處點

8 換底部平面2.5cm往內切鋸齒狀

9 第二層由尖部往內推切到接處點

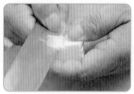

10 半圓形水花

11 切片擺盤，每片厚0.3~0.4cm

薑水花片作品示範 2

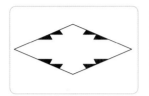

參考圖
（雕去黑色部分）

1 薑切長條再修四面相同菱形

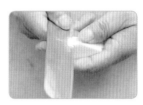

2 在中間菱形尖角點兩邊各留0.5cm由內往外切割

3 刀工相同切割鋸齒狀

4 換面刀工相同切割鋸齒狀

5 菱形水花片

6 切片擺盤，每片厚0.3~0.4cm

薑水花片作品示範 3

參考圖
（雕去黑色部分）

1 薑切長段修長四角

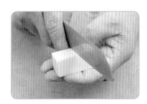

2 刀子在長邊中間點測量下刀

3 平刀切割小凹槽，兩面刀工點相同

4 平刀由內往外切割鋸齒狀，上下兩邊刀工相同

5 推刀往內到觸角點刀工往下割，兩面刀工相同

6 薑水花長四角壽字形

7 切片擺盤，每片厚0.3~0.4cm

水花作品擺盤受評彙總

附錄 ❸　盤飾參考圖譜

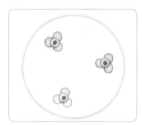

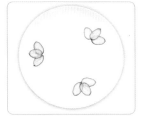

《 精選盤飾示範 》

範例 ❶

1 紅蘿蔔切割小葉狀，3.5cm長，中間寬0.8cm

2 切薄片0.1cm

3 將切紅蘿蔔片一片片擺成扁形狀

4 紅蘿蔔片一片一片用大姆指跟食指夾住

5 擺好5片在擺上熟食皿

6 擺上熟食皿用雙手修飾，每個擺法相同

7 3個葉子扇形用各5片擺飾

8 三個葉子扇形盤飾

範例 ❷

1 紅蘿蔔切長三角形長4cm底部1.5cm

2 切薄片

3 每片以順時鐘方向擺上，間距相同，擺好再整理修飾

4 圓形光芒圖案盤飾

範例❸

1 用直刀法切0.3cm薄片動作1

2 用直刀法切0.3cm薄片動作2

3 三片一組擺盤動作動作1

4 三片一組擺盤動作動作2

5 第4片置於三片中間

6 用紅辣椒點綴

7 盤飾完成圖

範例❹

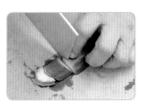

1 小黃瓜切長段，直刀對剖切半

2 切薄片

3 擺成山形狀，由上層一片以此列推到下層四片間距相連

4 每一山形狀小黃瓜片擺飾間距相同

5 完成三個山形小黃瓜盤飾

範例❺

1 小黃瓜切段再直刀切兩半

2 再以蝴蝶刀方式斜切

3 蝴蝶刀方式第一刀不斷第二刀切斷

4 兩面撥開成葉子狀擺飾皿邊

5 修飾擺齊

6 完成五點葉片狀盤飾

範例❻

1 小黃瓜切斜片，長約5~6公分

2 小黃瓜片，從中間切斜刀

3 小黃瓜片，取其中一片，反面做擺飾，成心形狀

4 完成六點心型盤飾

範例❼

1 直刀切段對半切

2 小黃瓜斜刀切割蝴蝶刀狀

3 相同切割法第一刀不斷第二刀切斷

4 先擺兩邊外側，第三片擺中間

5 修飾擺齊

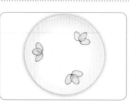

6 完成三葉形

範例❽

1 小黃瓜切6cm長段
對半

2 橫刀切薄片0.1cm

3 順時鐘方向擺飾

4 圓花卉形盤飾

範例❾

1 大黃瓜圓形5cm
段，直立邊角下刀

2 大黃瓜直立邊角下
刀切三等份

3 扇形切割前端留
0.8cm連刀法切5
刀

4 扇形前端平刀修平

5 扇形相同切割法

6 辣椒切圓片點綴

7 大黃瓜扇形片擺飾

8 左右兩邊前端相併
擺齊

9 大黃瓜扇形片擺飾
完成，兩片中間以
圓形辣椒片點綴

10 完成扇形盤飾

範例 ⑩

1 大黃瓜圓形5cm段，直立邊角下切

2 大黃瓜直立邊角下刀切三等份

3 扇形切割前端留0.8cm以連刀法切5刀

4 兩邊相同擺飾

5 辣椒圓片在中間相連處點綴

6 小黃瓜切3cm段直刀對剖，切半圓薄片

7 左邊扇形擺飾

8 雙手壓扇形大黃瓜片修飾

9 中間以圓形辣椒片點綴，半成品扇形大黃瓜片

10 小黃瓜以順時鐘方向每片0.1cm相貼擺半圓狀

11 圓辣椒片點綴在小黃瓜相貼的圓弧度上

12 完成扇形大黃瓜及小黃瓜半圓圖盤飾

範例 ⑪

1 大黃瓜圓形5cm段，直立切三等份

2 平切刀尖往內拉刀，切半圓拉刀法

3 大黃瓜片一片擺上熟食盤邊每片相連，0.3cm處相疊

4 完成圓形圖盤飾

範例⑫

1 大黃瓜圓形5cm段，直立切三等份

2 平切刀尖往內拉刀，切半圓拉刀法

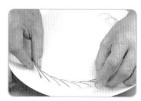

3 大黃瓜片由內第一片用推擠法擺飾1/3

4 大黃瓜圓形圖片，左手大姆指壓第一片，右手再推平修飾

5 紅蘿蔔條斜刀直切菱形狀

6 紅蘿蔔菱形片切0.2cm

7 大黃瓜切直條去多餘肉剩皮

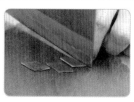

8 大黃瓜皮切斜刀直切菱形狀

9 紅蘿蔔菱形片擺在大黃瓜片三點處

10 大黃瓜皮菱形片擺飾在紅蘿蔔片上

11 完成三點花卉大黃瓜盤飾

範例⑬

1 大黃瓜圓形5cm段，直立切三等份

2 以平切刀尖往內拉刀法

3 大黃瓜波浪形綠色皮往內返擺手法

4 完成大黃瓜波浪形盤飾

範例⑭

1 大黃瓜圓形5cm段，直立切三等份

2 大黃瓜1/3半圓片1/3處綠皮平刀推割再下斜刀切1/3多餘肉

3 大黃瓜平刀，刀尖往內拉刀法

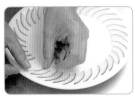

4 每片間距相同，底部重疊上尖部分寬0.8~1cm

5 完成彩球圓形盤飾

範例⑮

1 大黃瓜圓形5cm段，直立切三等份

2 大黃瓜扇形連刀法在第五刀切斷

3 扇形大黃瓜片底部修飾

4 大黃瓜片放在左手上，再用大姆指往前推開

5 扇形大黃片兩片相對

6 扇形荷花底用辣椒圓片點綴

7 完成三點扇形荷花形圖盤飾

範例 ⑯

1 大黃瓜圓形5cm 段，直立切三等份

2 大黃瓜1/3半圓片 留0.8cm連刀法， 第一刀不斷第二刀 切斷

3 半圓大黃瓜修 0.5cm尾段切多餘 肉拿掉

4 再以蝴蝶連刀法切 割

5 大黃瓜連刀片往內 對折

6 中間花瓣先擺

7 左邊螃蟹腳對折

8 左右兩邊擺上螃蟹 腳形狀

9 辣椒圓片裝飾在螃 蟹腳蝴蝶形底部

10 完成螃蟹腳蝴蝶 形圖盤飾

附錄 ❹ 技術士技能檢定中餐烹調丙級術科測試抽籤暨領用卡單簽名表

技術士技能檢定中餐烹調丙級術科測試抽籤暨領用卡單簽名表				301 □			
材料清點卡、測試過程刀工作品規格卡、測試過程烹調指引卡				302 □			
准考證編號	術科測試爐檯崗位	測試題組	應檢人簽名（每一位）	抽題者簽名（編號最小者）	監評長簽名	場地代表簽名	備註
	1						
	2						
	3						
	4						
	5						
	6						
	7						
	8						
	9						
	10						
	11						
	12						
場次	上午□下午□			日期		年　月　日	

1. 請術科測試編號最小者之應檢人，將所抽得題組之號碼，填入其術科測試編號列之測試題組欄內，並完成簽名手續。
2. 次由工作人員在抽題者之測試題組欄以下，依序填入每位應檢人對應之題組號碼，並再三核對。
3. 再請其他應檢人核對其測試題組，核對無誤後，完成每一位應檢人簽名手續。
4. 於簽名同時依序完成並確認三卡之核發。

Chinese
Food
Cooking

技術士技能檢定
中餐烹調丙級術科
測試評審標準
及評審表

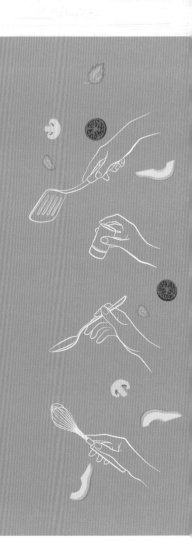

一、評審標準

（一）依據「技術士技能檢定作業及試題規則」第 39 條第 2 項規定：「依規定須穿著制服之職類，未依規定穿著者，不得進場應試。」

1. 職場專業服裝儀容正確與否，由公推具公正性之監評長擔任；遇有爭議，由所有監評人員共同討論並判定之。

2. 相關規定請參考應檢人服裝參考圖。

（二）術科辦理單位應準備一份完整題庫及三種附錄卡單 2 份（查閱用），以供監評委員查閱。

（三）術科辦理單位應準備 15 公分長的不鏽鋼直尺 4 支，給予每位監評委員執行應檢人的刀工作品評審工作，並需於測試場內每一組的調理檯（準清潔區）上準備一支 15 公分長的不鏽鋼直尺，給予應檢人使用，術科辦理單位應隨時回收檢點潔淨之。

（四）刀工項評審場地在測試場內每一組的調理檯（準清潔區）實施，檯面上應有該組應檢人留下將繳回之第一階段測試過程刀工作品規格卡及其刀工作品，監評委員依刀工測試評分表評分。

（五）烹調項評審場地在評分室內實施，每一組皆備有該組應檢人留下將繳回之第二階段測試過程烹調指引卡，供監評委員對照，監評委員依烹調測試作品評分表評分。

（六）術科測試分刀工、烹調及衛生三項內容，三項各自獨立計分，刀工測試評分標準合計 100 分，不足 60 分者為不及格；烹調測試三道菜中，每道菜個別計分，各以 100 分為滿分，總分未達 180 分者為不及格；衛生項目評分標準合計 100 分，成績未達 60 分者為不及格。

（七）刀工作品、烹調作品或衛生成績，任一項未達及格標準，總成績以不及格計。

（八）棉質毛巾與抹布的使用：

1. 白色長型毛巾1條摺疊置放於熟食區一只瓷盤上（置上層或下一層），由術科辦理單位備妥，使用前須保持潔淨，用於擦拭洗淨之熟食餐器具（含調味用匙、筷）及墊握熱燙之磁碗盤，可重覆使用，不得另置他處，不得使用紙巾（墊握時毛巾太短或擦拭如咖哩汁等不易洗淨之醬汁時方得使用紙巾）。

2. 白色正方毛巾2條置放於調理區下層工作檯之配菜盤上（應檢人得依使用時機移置上層），由術科辦理單位備妥，使用前須保持潔淨，用於擦拭洗淨之刀具、砧板、鍋具、烹調用具（如炒杓、炒鏟、漏杓）、墊砧板及洗淨之雙手，不得使用紙巾，不得隨意放置。

3. 黃色正方抹布2條放置於披掛處或烹調區前緣，用於擦拭工作檯或墊握鍋把，不得隨意放置（在洗餐器具流程後須以酒精消毒）。

放於準清潔區，擦拭瓷盤專用

握鍋把專用

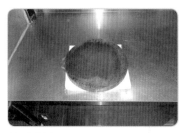
墊砧板專用

擦拭工作檯、水檯專用，用後
立即清洗、消毒並放回原位

擦拭砧板、鍋具、刀具專用

（九）其他事項：其他未及備載之違規事項，依四位監評人員研商決議處理。

（十）其他未盡事宜，依技術士技能檢定作業及試題規則相關規定辦理。

（十一）測試規範皆已備載，與下表之衛生評審標準，應檢人應詳細研習以參與測試。

➋ 技術士技能檢定中餐烹調丙級葷食項衛生評分標準

項目	監評內容	扣分標準
一般規定	1. 除不可拆除之手部飾品（如手鐲、戒指等）外，有手錶、化妝、佩戴飾物、蓄留指甲、塗抹指甲油等情事者。	41分
	2. 手部有受傷且未經適當傷口包紮處理，或不可拆除之手部飾品且未全程配戴衛生手套者（衛生手套長度須覆蓋手鐲，處理熟食應更新手套）。	41分
	3. 衛生手套使用過程中，接觸他種物件，未更換手套再次接觸熟食者（衛生手套應有完整包覆，不可取出置於檯面待用）。	41分
	4. 使用免洗餐具者。	20分
	5. 測試中有吸菸、喝酒、嚼檳榔、嚼口香糖、飲食（飲水或試調味除外）或隨地吐痰等情形者。	41分
	6. 打噴嚏或擤鼻涕時，未轉身並以紙巾、手帕、或上臂衣袖覆蓋口鼻，或轉身掩口鼻，再將手洗淨消毒者。	41分
	7. 以衣物拭汗者。	20分
	8. 如廁時，著工作衣帽者（僅須脫去圍裙、廚帽）。	20分
	9. 未依規定使用正方毛巾、抹布者。	20分
驗收 (A)	1. 食材未經驗收數量及品質者。	20分
	2. 生鮮食材有異味或鮮度不足之虞時，未發覺卻仍繼續烹調操作者。	30分
洗滌 (B)	1. 洗滌餐器具時，未依下列先後處理順序者：瓷碗盤→配料碗盤盆→鍋具→烹調用具（菜鏟、炒杓、大漏杓、調味匙、筷）→刀具（即菜刀，其他刀具使用前消毒即可）→砧板→抹布。	20分
	2. 餐器具未徹底洗淨或擦拭餐器具有汙染情事者。	41分
	3. 餐器具洗畢，未以有效殺菌方法消毒刀具、砧板及抹布者（例如熱水沸煮、化學法，本題庫選用酒精消毒）。	30分
	4. 洗滌食材，未依下列先後處理順序者：乾貨（如香菇、蝦米…）→加工食品類（素，如沙拉筍、酸菜…）→加工食品類（葷，如皮蛋、鹹蛋、生鹹鴨蛋、水發魷魚…）→蔬果類（如蒜頭、生薑…）→牛羊肉→豬肉→雞鴨肉→蛋類→水產類。	30分
	5. 將非屬食物類或烹調用具、容器置於工作檯上者（如：洗潔劑、衣物等，另酒精噴壺應置於熟食區層架）。	20分
	6. 食材未徹底洗淨者： (1) 內臟未清除乾淨者。 (2) 鱗、鰓、腸泥殘留者。 (3) 魚鰓或魚鱗完全未去除者。 (4) 毛、根、皮、尾、老葉殘留者。 (5) 其他異物者。	20分 20分 41分 30分 30分

項目	監評內容	扣分標準
洗滌 (B)	7. 以鹽水洗滌海產類，致有腸炎弧菌滋生之虞者。	41分
	8. 將垃圾袋置於水槽內或食材洗滌後垃圾遺留在水槽內者。	20分
	9. 洗滌各類食材時，地上遺有前一類之食材殘渣或多量水漬者。	20分
	10. 食材未徹底洗淨或洗滌工作未於三十分鐘內完成者。	20分
	11. 洗滌期間進行烹調情事經警告一次再犯者（即洗滌期間不得開火，然洗滌後與切割中可做烹調及加熱前處理，試題如另有規定，從其規定）。	30分
	12. 食材洗滌後未徹底將手洗淨者。	20分
	13. 洗滌時使用過砧板（刀），切割前未將該砧板（刀）消毒處理者。	30分
切割 (C)	1. 洗滌妥當之食物，未分類置於盛物盤或容器內者。	20分
	2. 切割生食食材，未依下列先後順序處理者：乾貨（如香菇、蝦米…）→加工食品類（素，如沙拉筍、酸菜…）→加工食品類（葷，如皮蛋、鹹蛋、生鹹鴨蛋、水發魷魚…）→蔬果類（如蒜頭、生薑…）→牛羊肉→豬肉→雞鴨肉→蛋類→水產類。	30分
	3. 切割按流程但因漏切某類食材欲更正時，向監評人員報告後，處理後續補救步驟（應將刀、砧板洗淨拭乾消毒後始更正切割）	15分
	4. 切割妥當之食材未分類置於盛物盤或容器內者（汆燙熟後不同類可併放）。	20分
	5. 每一類切割過程後及切割完成後未將砧板、刀及手徹底洗淨者。	20分
	6. 蛋之處理程序未依下列順序處理者：洗滌好之蛋→用手持蛋→敲於乾淨配料碗外緣（可為裝蛋之容器）→剝開蛋殼→將蛋放入第二個配料碗內→檢視蛋有無腐壞，集中於第三配料碗內→烹調處理。	20分
調理、加工、烹調 (D)	1. 烹調用油達發煙點或著火，且發煙或燃燒情形持續進行者。	41分
	2. 菜餚勾芡濃稠結塊、結糰或嚴重出油者。	30分
	3. 除西生菜、涼拌菜、水果菜及盤飾外，食物未全熟，有外熟內生情形或生熟食混合者（涼拌菜另依題組說明規定行之）。	41分
	4. 殺菁後之蔬果類，如需直接食用，欲加速冷卻時，未使用經減菌處理過之冷水冷卻者（需再經加熱食用者，可以自來水冷卻）。	41分

項目	監評內容	扣分標準
調理、加工、烹調 (D)	5. 切割生、熟食，刀具及砧板使用有交互汙染之虞者。	
	(1) 若砧板為一塊木質、一塊白色塑膠質，則木質者切生食、白色塑膠質者切熟食。	41分
	(2) 若砧板為二塊塑膠質，則白色者切熟食、紅色者切生食。	41分
	6. 將砧板做為置物板或墊板用途，並有交互汙染之虞者。	41分
	7. 菜餚成品未有良好防護或區隔措施致遭汙染者（如交叉汙染、噴濺生水）。	41分
	8. 烹調後欲直接食用之熟食或減菌後之盤飾置於生食碗盤者（烹調後之熟食若要再烹調，可置於生食碗盤）。	41分
	9. 未以專用潔淨布巾擦拭用具、物品及手者。（墊握時毛巾太短或擦拭如咖哩汁等不易洗淨之醬汁時方得使用紙巾）	30分
	10. 烹調時有汙染之情事者	
	(1) 烹調用具置於檯面或熟食匙、筷未置於熟食器皿上。	30分
	(2) 盛盤菜餚或盛盤食材重疊放置、成品食物有異物者、以烹調用具就口品嘗、未以合乎衛生操作原則品嚐食物、食物掉落未處理等。	41分
	11. 烹調時蒸籠燒乾者。	30分
	12. 可利用之食材棄置於廚餘桶或垃圾筒者。	30分
	13. 可回收利用之食材未分類放置者。	20分
	14. 故意製造噪音者。	20分
熟食切割 (E)	1. 未將熟食砧板、刀（洗餐器具時已處理者則免）及手徹底洗淨拭乾消毒，或未戴衛生手套切割熟食者。 【熟食（將為熟食用途之生食及煮熟之食材）在切配過程中任一時段切割需注意食材之區隔（即生熟食不得接觸），或注意同一工作檯的時間區隔，且應符合衛生原則】	41分
	2. 配戴衛生手套操作熟食而觸摸其他生食或器物，或將用過之衛生手套任意放置而又重複使用者。	41分
盤飾及沾料 (F)	1. 以非食品或人工色素做為盤飾者。	30分
	2. 以非白色廚房用紙巾或以衛生紙、文化用紙墊底或使用者。（廚房紙巾應不含螢光劑且有完整包覆或應置於清潔之承接物上，不可取出置於檯面待用）。	20分
	3. 配製高水活性、高蛋白質或低酸性之潛在危險性食物(PHF,Potentially Hazardous Foods)的沾料且內置營養食物者（沾料之配製應以食品安全為優先考量，若食物屬於易滋生細菌者，欲與沾料混置，則應配製安全性之沾料覆蓋於其上，較具危險性之沾料須與食物分開盛裝）。	30分

項目	監評內容	扣分標準
清理 （G）	1. 工作結束後，未徹底將工作檯、水槽、爐檯、器具、設備及工作區之環境清理乾淨者（即時間內未完成）。	41分
	2. 拖把、廚餘桶、垃圾桶置於清洗食物之水槽內清洗者。	41分
	3. 垃圾未攜至指定地點堆放者（如有垃圾分類規定，應依規定辦理）。	30分
其他 （H）	1. 每做有汙染之虞之下一個動作前，未將手洗淨造成汙染食物之情事者。	30分
	2. 操作過程，有交互汙染情事者。	41分
	3. 瓦斯未關而漏氣，經警告一次再犯者。	41分
	4. 其他不符合食品良好衛生規範準則規定之衛生安全事項者（監評人員應明確註明扣分原因）。	20分

二、評審表

（一）刀工作品成績評審表：依試題不同，要求刀工繳交作品不同，請評審依試題說明進行評分，如有疑慮，請依試題說明為主。術科辦理單位請放大本評審表為 B4 大小，以利監評評分。

● 第一階段評分表：301-1 刀工作品成績評審表－範例

場次：＿＿＿　爐臺編號：＿＿＿　術科編號：＿＿＿　准考證號碼：＿＿＿＿＿　姓名：＿＿＿＿＿＿＿＿＿＿

繳交作品	尺寸描述	數量	備註	扣分標準	各單項不合格請述理由
紅蘿蔔水花片兩款	自選1款及指定1款，指定款須參考下列指定圖（形狀大小需可搭配菜餚）厚薄度（0.3~0.4公分）	各6片以上		41	
配合材料擺出兩種盤飾	下列指定圖3選2	各1盤		41	
冬菜末	直徑0.3以下碎末	切完		20	
薑末	直徑0.3以下碎末	10克以上		20	
蒜末	直徑0.3以下碎末	10克以上		20	
青椒絲	寬、高（厚）各為0.2~0.4，長4.0~6.0	切完		20	
薑絲	寬、高（厚）各為0.3以下，長4.0~6.0	10克以上		20	

繳交作品	尺寸描述	數量	備註	扣分標準	各單項不合格請述理由
紅辣椒絲	寬、高（厚）各為0.3以下，長4.0~6.0	1條切完		20	
蔥花	長、寬、高（厚）各為0.2~0.4	15克以上		20	
里肌肉絲	寬、高（厚）各為0.2~0.4，長4.0~6.0	100克以上	去筋膜	20	
魚片	長4.0~6.0、寬2.0~4.0、高（厚）0.8~1.5	切完	頭尾勿丟棄，成品用		

※ 受評之刀工作品若未全數完成者，不具受評資格，請直接勾選「不合格」，並於綜合說明欄位寫出未完成作品。

綜合說明	
成績判定	□合格　□不合格　　成績
監評簽名	

水花及盤飾參考：依指定圖完成，可受公評並獲得普遍認同之美感。

	(1)	(2)	(3)
指定水花（擇一）			
指定盤飾（擇二） (1) 大黃瓜、小黃瓜、紅辣椒 (2) 小黃瓜、紅辣椒 (3) 大黃瓜			

（二）烹調作品成績評審表

⊃ 技術士技能檢定中餐烹調丙級術科測試烹調作品成績評審表

應檢人姓名：　　　　　　　　　　　應檢日期：　　年　　月　　日

准考證號碼：　　　　　　　　　　　場次：

術科編號：　　　　　　　　　　　　爐臺編號：

評分標準	評分項目 / 菜餚名稱				
	取量	滿分分數	10	10	10
		實得分數			
	刀工	滿分分數	20	20	20
		實得分數			
	火候	滿分分數	25	25	25
		實得分數			
	調味	滿分分數	20	20	20
		實得分數			
	觀感	滿分分數	25	25	25
		實得分數			
實得分數	小計				
總分					

評審須知：
1. 請依據烹調作品評審標準、烹調指引卡與刀工作品規格卡評分。
2. 三道菜，每道菜個別計分，各以100分為滿分，總分未達180分者不及格。
3. 材料的選用與作法，必須切合題意。
4. 作法錯誤的菜餚可在刀工、火候、調味、觀感扣分；取量可予計分。
5. 取量包含材料數量與取材種類（即配色之量）。
6. 刀工包括製備過程如抽腸泥、去外皮、根、內膜、種子、內臟、洗滌……。
7. 調味最忌不符題意要求或極鹹、極淡、極酸、極甜、極苦、極辣、極稠、極稀等。
8. 火候包含不符題意要求或質地之未脫生、帶血、極不酥、極不脆，極為過火的火候如極爛、極硬、極糊、焦化等，與食材色澤極為不佳。
9. 觀感包含刀工整體呈現、色澤、配色、排盤、整飾、醬汁多寡、稀、糊與賣相。
10. 未完成者、重做者與測試結束後發現舞弊者皆全不予計分。

11.

評分分級表 / 配分	很差	差	稍差	可	稍好	好	很好
滿分分數10	3	4	5	6	7	8	9
滿分分數20	6	8	10	12	14	16	18
滿分分數25	8	10	12	15	18	20	22

不予計分原因：＿＿＿＿＿＿＿＿＿＿＿＿＿＿＿＿＿＿＿＿＿＿＿＿

技術監評人員簽名：＿＿＿＿＿＿＿＿＿＿、＿＿＿＿＿＿＿＿＿＿、＿＿＿＿＿＿＿＿＿＿

（三）品評記錄表：技術士技能檢定中餐烹調丙級術科測試品評紀錄表

日期：＿＿年＿＿月＿＿日　場次：＿＿＿＿＿

題組： 菜餚名稱	術科編號： 品評紀錄	題組： 菜餚名稱	術科編號： 品評紀錄	題組： 菜餚名稱	術科編號： 品評紀錄
題組： 菜餚名稱	術科編號： 品評紀錄	題組： 菜餚名稱	術科編號： 品評紀錄	題組： 菜餚名稱	術科編號： 品評紀錄
題組： 菜餚名稱	術科編號： 品評紀錄	題組： 菜餚名稱	術科編號： 品評紀錄	題組： 菜餚名稱	術科編號： 品評紀錄

1. 本表所評字句與烹調作品成績評審表上的評分要一致。
2. 記錄內容應詳實填寫，例如「稍差」，須明確寫出事實，不得只寫「稍差」二字，其餘依此類推。
3. 此表格請檢定場自行影印成A3大小。

技術監評人員簽名：＿＿＿＿＿＿、＿＿＿＿＿＿、＿＿＿＿＿＿

（四）衛生成績評審表

● 技術士技能檢定中餐烹調丙級術科測試衛生成績評審表

應檢人姓名：　　　　　　　　　　　　應檢日期：　年　月　日

准考證號碼：　　　　　　　　　　　　檢定場：

衛生成績：＿＿＿＿＿＿＿＿＿＿ 分　　　場次及工作檯：

扣分原因：

一般	1□ 2□ 3□ 4□ 5□ 6□ 7□ 8□ 9□
A	1□ 2□
B	1□ 2□ 3□ 4□ 5□ 6(1)□ 6(2)□ 6(3)□ 6(4)□ 6(5)□ 7□ 8□ 9□ 10□ 11□ 12□ 13□
C	1□ 2□ 3□ 4□ 5□ 6□
D	1□ 2□ 3□ 4□ 5□ 6□ 7□ 8□ 9□ 10(1)□ 10(2)□ 11□ 12□ 13□ 14□
E	1□ 2□
F	1□ 2□ 3□
G	1□ 2□ 3□
H	1□ 2□ 3□ 4□

衛生監評人員簽名：＿＿＿＿＿＿＿＿＿＿

技術監評人員（依協調會責任分工者）簽名：＿＿＿＿＿＿＿＿＿＿

（請勿於測試結束前先行簽名）

（五）評審總表

⮞ 技術士技能檢定中餐烹調丙級術科測試評審總表

應檢人姓名：　　　　　　　　　　　應檢日期：　年　月　日

准考證號碼：　　　　　　　　　　　檢定場：

　　　　　　　　　　　　　　　　　場次及工作檯：

評審總表		
項目	及格成績	實得成績
刀工作品成績	60分	分
烹調作品成績	180分	分
衛生成績	60分	分
及格		
不及格		

1. 刀工作品評分標準100分，成績未達60分者，以不及格計。
2. 烹調作品：3道菜，每道菜個別計分，各以100分為滿分，總成績未達180分者，以不及格計。
3. 衛生項目評分標準100分，成績未達60分者，以不及格計。
4. 刀工作品、烹調作品或衛生成績，任一項未達及格標準，總成績以不及格計。
5. 不予計分原因：

監評長簽名：＿＿＿＿＿＿＿＿＿＿＿

監評人員簽名：＿＿＿＿＿＿＿＿＿＿＿

　　　　　　　＿＿＿＿＿＿＿＿＿＿＿

　　　　　　　＿＿＿＿＿＿＿＿＿＿＿

Chinese
Food
Cooking

肆

技術士技能檢定
中餐烹調丙級術科
試題組合菜單

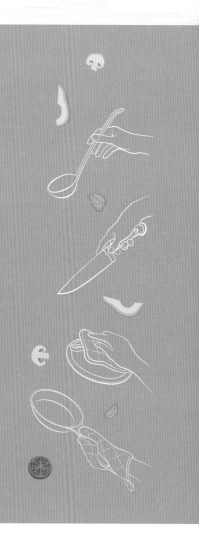

材料清點卡

301-1 題組 青椒炒肉絲、茄汁燴魚片、乾煸四季豆

1. 菜名與食材切配依據

菜餚名稱	主要刀工	烹調法	主材料類別	材料組合	水花款式	盤飾款式
青椒炒肉絲	絲	炒、爆炒	大里肌肉	青椒、紅辣椒、蒜頭、薑、大里肌肉	參考規格明細	參考規格明細
茄汁燴魚片	片	燴	鱸魚	小黃瓜、紅蘿蔔、薑、洋蔥、鱸魚		
乾煸四季豆	末	煸	四季豆	蝦米、冬菜、四季豆、蔥、薑、蒜頭、豬絞肉		

2. 材料明細

名稱	規格描述	重量（數量）	備註
蝦米	紮實無異味	10克	
冬菜	效期內	10克	
青椒	表面平整不皺縮不潰爛	1個	120克以上／個
紅蘿蔔	表面平整不皺縮不潰爛	1條	300克以上／條，若為空心須再補發
紅辣椒	表面平整不皺縮不潰爛	2條	10克以上／條
蔥	新鮮飽滿	100克	
薑	長段無潰爛	100克	需可切絲、片、末
小黃瓜	不可大彎曲鮮度足	2條	80克以上／條
大黃瓜	表面平整不皺縮不潰爛	1截	6公分長／截
洋蔥	飽滿無潰爛無黑心	1/4個	250克以上／個
四季豆	飽滿鮮度足	200克	每支長14公分以上
蒜頭	飽滿無發芽無潰爛	20克	
大里肌肉	分切完整塊狀鮮度足可供橫紋切長絲	200克	
豬絞肉	鮮度足無異味	50克	
鱸魚	體形完整鮮度足未處理	1隻	600克以上／隻，非活魚

刀工作品規格卡

301-1 題組 青椒炒肉絲、茄汁燴魚片、乾煸四季豆

1. 菜名與食材切配依據

菜餚名稱	主要刀工	烹調法	主材料類別	材料組合	水花款式	盤飾款式
青椒炒肉絲	絲	炒、爆炒	大里肌肉	青椒、紅辣椒、蒜頭、薑、大里肌肉		參考規格明細
茄汁燴魚片	片	燴	鱸魚	小黃瓜、紅蘿蔔、薑、洋蔥、鱸魚	參考規格明細	
乾煸四季豆	末	煸	四季豆	蝦米、冬菜、四季豆、蔥、薑、蒜頭、豬絞肉		

2. 第一階段繳交刀工作品規格（係取自菜名與食材切配依據表所示之切配成品，只需取出規格明細表所示之種類數量，每一種類的數量皆至少需有3/4量符合其規定尺寸，其餘作品留待烹調時適量取用）。

   (1) 受評分刀工作品為冬菜末、薑末、蒜末、青椒絲、薑絲、紅辣椒絲、蔥花、里肌肉絲、魚片、水花片兩款，以配菜盤分類盛裝受評，另加兩種盤飾以2只瓷盤盛裝擺設。

   (2) 規格明細

材料	規格描述（長度單位：公分）	數量	備註
紅蘿蔔水花片兩款	自選1款及指定1款，指定款須參考下列指定圖（形狀大小需可搭配菜餚）厚薄度（0.3~0.4公分）	各6片以上	
配合材料擺出兩種盤飾	下列指定圖3選2	各1盤	
冬菜末	直徑0.3以下碎末	切完	
薑末	直徑0.3以下碎末	10克以上	
蒜末	直徑0.3以下碎末	10克以上	
青椒絲	寬、高（厚）各為0.2~0.4，長4.0~6.0	切完	
薑絲	寬、高（厚）各為0.3以下，長4.0~6.0	10克以上	
紅辣椒絲	寬、高（厚）各為0.3以下，長4.0~6.0	1條切完	
蔥花	長、寬、高（厚）各為0.2~0.4	15克以上	
里肌肉絲	寬、高（厚）各為0.2~0.4，長4.0~6.0	100克以上	去筋膜
魚片	長4.0~6.0、寬2.0~4.0、高（厚）0.8~1.5	切完	頭尾勿丟棄，成品用

水花及盤飾參考：依指定圖完成，可受公評並獲得普遍認同之美感。

	(1)	(2)	(3)
指定水花（擇一）			
指定盤飾（擇二） (1) 大黃瓜、小黃瓜、紅辣椒 (2) 小黃瓜、紅辣椒 (3) 大黃瓜	(1)	(2)	(3)

   (3) 無須繳驗部分：菜餚刀工之種類、取量與形狀，除了規格明細之數量外，還包括不須繳驗的部分，請務必依「菜名與食材切配依據」表之食材選用規定種類切配，配合題意之刀工規格切配出合宜的刀工形狀、數量與配色進行烹調。

301-1 題組 青椒炒肉絲、茄汁燴魚片、乾煸四季豆

1. 菜名與食材切配依據

菜餚名稱	主要刀工	烹調法	主材料類別	材料組合	水花款式	盤飾款式
青椒炒肉絲	絲	炒、爆炒	大里肌肉	青椒、紅辣椒、蒜頭、薑、大里肌肉		參考規格明細
茄汁燴魚片	片	燴	鱸魚	小黃瓜、紅蘿蔔、薑、洋蔥、鱸魚	參考規格明細	
乾煸四季豆	末	煸	四季豆	蝦米、冬菜、四季豆、蔥、薑、蒜頭、豬絞肉		

2. 第二階段烹調說明：

請依題意及菜名與食材切配依據表需求自刀工切配作品中適量取用，加入之食材種類不得短少，否則依不符題意處理（即該道菜判定為60分以下），水花則依配色或烹調量需求，需有兩款但各款數量不一定要全加。

(1) 青椒炒肉絲

烹調規定	1. 肉絲需調味上漿、汆燙或過油皆可 2. 青椒絲汆燙或過油皆可 3. 以蒜末、薑絲爆香，加上食材以炒或爆炒完成
烹調法	炒、爆炒
調味規定	以鹽、酒、糖、味精、胡椒粉、香油、太白粉水等調味料自選合宜使用
備註	規定材料不得短少

(2) 茄汁燴魚片

烹調規定	1. 魚片需調味上漿，沾乾粉炸酥 2. 以薑片、洋蔥片爆香，再與小黃瓜片、水花及魚片燴煮成菜 3. 頭尾炸酥，全魚排盤呈現
烹調法	燴
調味規定	以鹽、番茄醬、醬油、酒、白醋、烏醋、糖、味精、胡椒粉、香油、地瓜粉、太白粉等調味料自選合宜使用
備註	魚片的碎爛不得超過1/3之魚片總量，規定材料不得短少

(3) 乾煸四季豆

烹調規定	1. 四季豆以熱油過油至脫水皺縮呈黃綠而不焦黑，或以煸炒法煸至乾扁脫水皺縮呈黃綠而不焦黑 2. 以豬絞肉、香料炒香，以炒、煸炒法收汁完成（需含蔥花）
烹調法	煸
調味規定	以鹽、醬油、酒、糖、味精、水、白醋、香油等調味料自選合宜使用
備註	焦黑部分不得超過總量之1/4，不得出油而油膩，規定材料不得短少

成品圖

★ 青椒炒肉絲   ★ 茄汁燴魚片   ★ 乾煸四季豆

材料圖

指定水花（擇一）

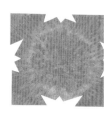

指定盤飾（擇二）

青椒炒肉絲

 材料
大里肌肉 200g、青椒 1 個、紅辣椒 1 條、薑 30g、蒜頭 10g

 調味料
鹽 1/4t、酒 1t、糖 1t、味精 1/2t、香油 1t、太白粉水適量

 醃 料
醬油 1/2t、胡椒粉 1/4t、香油 1t、太白粉 1 大t、酒 1t

重點提示 ★

炒
1. 大里肌肉上漿後，用少許油拌勻，汆燙或過油時，比較不會黏結成團。
2. 青椒絲汆燙或過油時間要短，避免食材變色。
3. 烹調時，動作快，時間短，火要旺。

78

※ 所有材料請依指定刀工切割完成

1. 大里肌肉切絲，醃漬上漿後，汆燙或過油至熟備用。
2. 其他材料汆燙或過油撈出備用。
3. 薑、紅辣椒全部切絲，蒜切末。
4. 鍋內加入少許油，將作法3爆香後，加入作法1、2，加入調味料，拌炒均勻後即可起鍋。

1 肉絲調味醃漬

2 上漿拌勻

3 過油

4 汆燙青椒

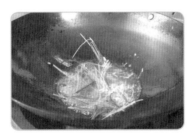

5 爆香辛香料

6 食材入鍋加調味料

7 食材拌炒均勻

8 起鍋盛盤

9 食材完成圖

茄汁燴魚片

 材料

鱸魚 1 隻、小黃瓜 2 條、紅蘿蔔 1 條、洋蔥 1/4 個、薑 30g

 調味料

鹽 1/4t、番茄醬 3t、酒 1t、白醋 3t、糖 3t、香油 1t、太白粉水 2t、水 100c.c.

 醃料

鹽 1/6t、胡椒粉 1/4t、酒 1t、香油 1t、太白粉 1 大 t

重點提示 ★

 燴

1. 魚肉取片時,盡量一刀完成,避免食材破損。
2. 魚片最好用酥炸方式烹調。
3. 烹調時,時間不要過長,避免魚片糊爛。

※ 所有材料請依指定刀工切割完成
1. 鱸魚洗淨去內臟及鱗片。去骨、去皮後取魚腓肉切片（10 片以上），醃漬上漿，過油至熟備用，頭尾處理後沾乾粉入油鍋內炸熟撈出擺盤。
2. 其他材料汆燙至熟備用。
3. 將辛香料爆香加入調味料和作法 2，加入作法 1 拌勻即可起鍋盛盤。

1 魚片加調味醃漬

2 魚片醃漬上漿沾乾粉

3 魚頭魚尾沾乾粉

4 副材料汆燙撈出瀝水

5 油鍋燒熱，魚片入油鍋內炸

6 魚片炸熟酥脆撈出瀝油

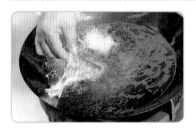
7 頭尾入油鍋內炸

8 頭尾炸熟撈出瀝油

9 辛香料爆香後加入調味料

10 調味料煮開加入洋蔥片

11 將所有食材加入鍋中拌炒均勻盛皿，並擺上炸熟頭尾

12 食材完成圖

乾煸四季豆

 材料
蝦米 10g、冬菜 10g、四季豆 200g、蔥 50g、薑 30g、蒜頭 10g、豬絞肉 50g

 調味料
鹽 1/4t、醬油 1/2t、糖 2t、味精 1/2t、香油 1t

重點提示 ★

煸
1. 四季豆入油鍋內炸，盡量炸至無水分且外表呈金黃，並產生微皺。
2. 烹調時，蝦米、冬菜、豬絞肉記得炒香。
3. 乾煸四季豆完成後定要乾鬆，不得有湯汁。

※ 所有材料請依指定刀工切割完成

1. 四季豆以熱油過油至脫水皺縮、上色呈黃綠而不焦黑。
2. 蝦米、冬菜洗淨切末，蔥切蔥花，薑、蒜皆切末。
3. 鍋內加入少許沙拉油，將豬絞肉炒香至熟，依序加入作法 2、作法 1，最後加入調味料拌炒均勻即可。

1 140度油溫炸四季豆

2 油炸時翻動

3 觀看是否上色

4 炸至上色撈出瀝油

5 先炒熟豬絞肉再爆香辛香料、蝦米、冬菜末

6 加入炸好的四季豆和調味料

7 將所有食材拌炒均勻

8 起鍋盛盤

9 食材完成圖

301-2 題組 燴三色肉片、五柳溜魚條、馬鈴薯炒雞絲

1. 菜名與食材切配依據

菜餚名稱	主要刀工	烹調法	主材料類別	材料組合	水花款式	盤飾款式
燴三色肉片	片	燴	大里肌肉	桶筍、小黃瓜、紅蘿蔔、蔥、薑、大里肌肉	參考規格明細	參考規格明細
五柳溜魚條	條、絲	脆溜	鱸魚	乾木耳、桶筍、青椒、紅蘿蔔、紅辣椒、蔥、薑、鱸魚		
馬鈴薯炒雞絲	絲	炒、爆炒	馬鈴薯雞胸肉	馬鈴薯、紅辣椒、蒜頭、雞胸肉		

2. 材料明細

名稱	規格描述	重量（數量）	備註
乾木耳	大片無長黴，需足供切出整齊的20粗絲以上	2大片	5克／大片，可於洗鍋具時優先煮水浸泡於乾貨類切割
桶筍	若為空心或軟爛不足需求量，應檢人可反應更換	1支	去除筍尖的實心淨肉至少200克，需縱切檢視才分發，烹調時需去酸味
小黃瓜	不可大彎曲鮮度足	2條	80克以上／條
大黃瓜	表面平整不皺縮不潰爛	1截	6公分長／截
紅蘿蔔	表面平整不皺縮不潰爛	1條	300克以上／條，若為空心須再補發
蔥	新鮮飽滿	80克	
青椒	表面平整不皺縮不潰爛	1/2個	120克以上／個
紅辣椒	表面平整不皺縮不潰爛	2條	10克以上／條
薑	長段無潰爛	80克	需可切絲、片
馬鈴薯	無芽眼、潰爛	1個	150克以上／個
蒜頭	飽滿無發芽無潰爛	10克	
大里肌肉	完整塊狀鮮度足可供橫紋切大片	200克	
雞胸肉	帶骨帶皮，鮮度足	1/2付	360克以上／付
鱸魚	體形完整鮮度足未處理	1隻	600克以上／隻，非活魚

301-2 題組 燴三色肉片、五柳溜魚條、馬鈴薯炒雞絲

1. 菜名與食材切配依據

菜餚名稱	主要刀工	烹調法	主材料類別	材料組合	水花款式	盤飾款式
燴三色肉片	片	燴	大里肌肉	桶筍、小黃瓜、紅蘿蔔、蔥、薑、大里肌肉	參考規格明細	參考規格明細
五柳溜魚條	條、絲	脆溜	鱸魚	乾木耳、桶筍、青椒、紅蘿蔔、紅辣椒、蔥、薑、鱸魚		
馬鈴薯炒雞絲	絲	炒、爆炒	馬鈴薯雞胸肉	馬鈴薯、紅辣椒、蒜頭、雞胸肉		

2. 第一階段繳交刀工作品規格（係取自菜名與食材切配依據表所示之切配成品，只需取出規格明細表所示之種類數量，每一種類的數量皆至少需有3/4量符合其規定尺寸，其餘作品留待烹調時適量取用）。

   (1) 受評分刀工作品為木耳絲、青椒絲、紅蘿蔔絲、薑絲、蔥絲、馬鈴薯絲、里肌肉片、雞絲、魚條、水花片兩款，以配菜盤分類盛裝受評，另加兩種盤飾以2只瓷盤盛裝擺設。

   (2) 規格明細

材料	規格描述（長度單位：公分）	數量	備註
紅蘿蔔水花片兩款	自選1款及指定1款，指定款須參考下列指定圖（形狀大小需可搭配菜餚）厚薄度（0.3~0.4公分）	各6片以上	
配合材料擺出兩種盤飾	下列指定圖3選2	各1盤	
木耳絲	寬0.2~0.4，長4.0~6.0，高（厚）依食材規格	20絲以上	
青椒絲	寬、高（厚）各為0.2~0.4，長4.0~6.0	25絲以上	
紅蘿蔔絲	寬、高（厚）各為0.2~0.4，長4.0~6.0	25絲以上	
薑絲	寬、高（厚）各為0.3以下，長4.0~6.0	5克以上	
蔥絲	寬、高（厚）各為0.3以下，長4.0~6.0	5克以上	
馬鈴薯絲	寬、高（厚）各為0.2~0.4，長4.0~6.0	100克以上	
里肌肉片	長4.0~6.0，寬2.0~4.0，高（厚）0.4~0.6	切完	去筋膜
雞絲	寬、高（厚）各為0.2~0.4，長4.0~6.0	100克以上	
魚條	寬、高（厚）各為0.8~1.2，長4.0~6.0	切完	頭尾勿丟棄，成品用

水花及盤飾參考：依指定圖完成，可受公評並獲得普遍認同之美感。

指定水花（擇一）	(1)	(2)	(3)
指定盤飾（擇二） (1) 小黃瓜 (2) 大黃瓜、小黃瓜、紅辣椒 (3) 大黃瓜、紅辣椒	(1)	(2)	(3)

   (3) 無須繳驗部分：菜餚刀工之種類、取量與形狀，除了規格明細之數量外，還包括不須繳驗的部分，請務必依「菜名與食材切配依據」表之食材選用規定種類切配，配合題意之刀工規格切配出合宜的刀工形狀、數量與配色進行烹調。

301-2 題組　燴三色肉片、五柳溜魚條、馬鈴薯炒雞絲

1. 菜名與食材切配依據

菜餚名稱	主要刀工	烹調法	主材料類別	材料組合	水花款式	盤飾款式
燴三色肉片	片	燴	大里肌肉	桶筍、小黃瓜、紅蘿蔔、蔥、薑、大里肌肉	參考規格明細	參考規格明細
五柳溜魚條	條、絲	脆溜	鱸魚	乾木耳、桶筍、青椒、紅蘿蔔、紅辣椒、蔥、薑、鱸魚		
馬鈴薯炒雞絲	絲	炒、爆炒	馬鈴薯雞胸肉	馬鈴薯、紅辣椒、蒜頭、雞胸肉		

2. 第二階段烹調說明：

請依題意及菜名與食材切配依據表需求自刀工切配作品中適量取用，加入之食材種類不得短少，否則依不符題意處理（即該道菜判定為60分以下），水花則依配色或烹調量需求，需有兩款但各款數量不一定要全加。

(1) 燴三色肉片

烹調規定	1. 肉片需調味上漿、汆燙或過油皆可 2. 以蔥段、薑片爆香，加入桶筍、小黃瓜、水花及肉片燴煮成菜
烹調法	燴
調味規定	以鹽、酒、糖、味精、胡椒粉、香油、太白粉水等調味料自選合宜使用
備註	需有燴汁，規定材料不得短少

(2) 五柳溜魚條

烹調規定	1. 魚條需調味上漿、沾乾粉炸酥 2. 蔥絲、薑絲爆香，以脆溜法完成 3. 頭尾炸酥，全魚排盤呈現
烹調法	脆溜
調味規定	以醬油、酒、鹽、烏醋、白醋、糖、味精、胡椒粉、香油、地瓜粉、太白粉等調味料自選合宜使用
備註	1. 規定材料不得短少 2. 斷裂的魚條不得超過1/3魚條總量 3. 可有醬汁，但需稍濃而少（是滑溜菜非燴菜）

(3) 馬鈴薯炒雞絲

烹調規定	1. 雞絲需調味上漿、汆燙或過油皆可 2. 馬鈴薯可以汆燙或炒至熟脆 3. 以蒜末爆香，加入辣椒絲及材料完成菜餚
烹調法	炒、爆炒
調味規定	以鹽、酒、白醋、糖、味精、胡椒粉、香油、太白粉水等調味料自選合宜使用
備註	馬鈴薯絲是熟脆而非鬆的口感，規定材料不得短少

301-2 題組

★ 燴三色肉片　　　　★ 五柳溜魚條　　　　★ 馬鈴薯炒雞絲

指定水花（擇一）

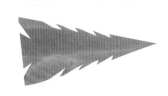  

指定盤飾（擇二）

燴三色肉片

🧄 材料
大里肌肉 200g、桶筍 1/2 支、小黃瓜 2 條、紅蘿蔔 1/2 條、蔥 40g、薑 40g

🧂 調味料
酒 1t、糖 1/4t、味精 1/2t、胡椒粉 1/2t、香油 1t、太白粉 2t、高湯 1 杯、鹽 1/4t

🍶 醃料
醬油 1/2t、胡椒粉 1/4t、酒 1t、香油 1t、太白粉 1 大 t

重點提示 ★

燴

1. 肉片上漿後，用少許油拌勻，汆燙或過油時比較不會黏結成團。
2. 加工筍酸味重，汆燙時間要拉長。
3. 燴的食材湯汁一定要多。

※ 所有材料請依指定刀工切割完成
1. 大里肌肉切片，醃漬上漿，過油或汆燙至熟備用。
2. 其他材料燙熟備用。
3. 蔥切段、薑切片爆香，依序加入作法 2、作法 1，最後加入調味料、高湯煮開勾芡。

1 肉片調味醃漬上漿

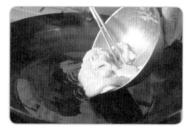

2 下油鍋拉油

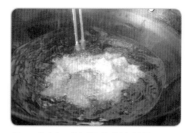

3 食材入油鍋內拉油過程

4 撈出瀝乾

5 汆燙配菜

6 燙熟撈出

7 辛香料爆香加入所有食材和調味料、高湯拌勻煮開用太白粉水勾琉璃芡

8 成品盛盤

9 食材完成圖

五柳溜魚條

🧄 **材 料**

鱸魚 1 隻、乾木耳 1 大片、桶筍 1/3 支、青椒 1/2 個、紅蘿蔔 1/4 條、紅辣椒 1 條、蔥 40g、薑 40g

🧂 **調味料**

醬油 1t、酒 1t、鹽 1/4t、糖 2t、烏醋 1t、白醋 2t、味精 1/2t、香油 1t、太白粉水適量

🫗 **醃 料**

鹽 1/4t、胡椒粉 1/4t、酒 1t、香油 1t、太白粉 1 大 t

重點提示 ★

脆 溜

1. 魚條上漿後沾乾粉,用炸的方式,將食材炸熟,避免烹調時魚條糊掉。
2. 烹調時,勾琉璃芡,芡汁稍稠些。

※ 所有材料請依指定刀工切割完成
1. 鱸魚洗淨去內臟及鱗片，去骨、去皮取魚腓肉切成條狀，醃漬上漿沾乾粉後入油鍋內炸熟撈出置於盤內。頭尾處理後沾乾粉入油鍋內炸熟撈出擺盤。
2. 其他材料汆燙備用，紅辣椒、蔥、薑切絲。
3. 熱油潤鍋後將辛香料爆香後加入調味料煮開，加入作法 2 和其餘的材料及水200c.c.，將湯汁煮開勾琉璃芡淋在食材上即完成。

1 鍋中入水汆燙筍絲後撈出瀝水

2 魚條加調味料醃漬上漿沾乾粉

3 副材料汆燙撈出瀝水

4 油鍋燒熱150度將魚條入油鍋內炸

5 魚條炸熟成金黃色撈出瀝油

6 鍋中入油將辛香料炒香

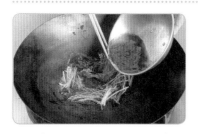

7 辛香料炒香後加入調味料

8 調味料煮開加入五柳絲和200c.c.水

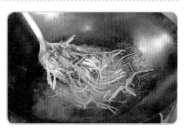

9 將湯汁煮開用太白粉水勾琉璃芡

10 魚條擺盤淋上五柳絲，頭尾炸熟入菜擺盤

11 食材完成圖

馬鈴薯炒雞絲

材料

馬鈴薯 1 個、紅辣椒 1 條、蒜頭 10g、雞胸肉
半付

調味料

鹽 1/2t、酒 2t、味精 1/2t、糖 1t、香油 1t、水
1/4 杯

醃料

醬油 1t、胡椒粉 1/4t、酒 1t、香油 1t、太白粉
1 大 t

重點提示 ★

炒

1. 雞絲切順紋，上漿後用少許油拌勻，汆燙或過油時，避免黏結成團。
2. 馬鈴薯用熱水稍微汆燙再炒，可縮短烹調時間。
3. 烹調時，動作快，時間短，火要旺。

※ 所有材料請依指定刀工切割完成
1. 雞胸肉洗淨切絲，醃漬上漿後，汆燙（過油）至熟備用。
2. 其他材料汆燙至熟備用，蒜頭切末切絲都可。
3. 熱油潤鍋爆香蒜末或蒜絲，加入作法 1、2 及調味料，拌炒均勻即可盛盤。

1 雞絲加調味料醃漬

2 雞絲醃漬好上漿

3 鍋中入水汆燙馬鈴薯絲3 分熟撈出瀝水

4 鍋中入水汆燙雞絲熟後撈 出瀝水

5 鍋中入油將辛香料炒香 （蒜末非受評所以蒜絲也 可以）

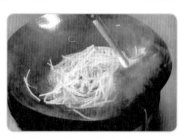

6 辛香料炒香後加入馬鈴薯 絲後炒熟

7 加入雞絲和調味料拌炒

8 食材拌炒後盛盤

9 食材完成圖

材料清點卡

301-3 題組 蛋白雞茸羹、菊花溜魚球、竹筍炒肉絲

1. 菜名與食材切配依據

菜餚名稱	主要刀工	烹調法	主材料類別	材料組合	水花款式	盤飾款式
蛋白雞茸羹	茸	羹	雞胸肉	雞胸肉、雞蛋		參考規格明細
菊花溜魚球	剞刀厚片	脆溜	鱸魚	鳳梨、紅蘿蔔、青椒、紅辣椒、洋蔥、薑、鱸魚	參考規格明細	
竹筍炒肉絲	絲	炒、爆炒	桶筍 大里肌肉	桶筍、蔥、薑、紅辣椒、大里肌肉		

2. 材料明細

名稱	規格描述	重量（數量）	備註
鳳梨	罐頭整片，有效期限內	1片	
桶筍	若為空心或軟爛不足需求量，應檢人可反應更換	1支	去除筍尖的實心淨肉至少200克，需縱切檢視才分發，烹調時需去酸味
紅蘿蔔	表面平整不皺縮不潰爛	1條	300克以上／條，若為空心須再補發
薑	長段無潰爛	100克	需可切絲、片
小黃瓜	不可大彎曲鮮度足	1條	80克以上／條
大黃瓜	表面平整不皺縮不潰爛	1截	6公分長／截
青椒	表面平整不皺縮不潰爛	1/2個	120克以上／個
紅辣椒	表面平整不皺縮不潰爛	2條	10克以上／條
洋蔥	飽滿無潰爛無黑心	1/4個	250克以上／個
蔥	新鮮飽滿	50克	
大里肌肉	完整塊狀鮮度足可供橫紋切長絲	200克	
雞胸肉	帶骨帶皮，鮮度足	1/2付	360克以上／付
雞蛋	外形完整鮮度足	2個	
鱸魚	體形完整鮮度足未處理	1隻	600克以上／隻，非活魚

刀工作品規格卡

1. 菜名與食材切配依據

菜餚名稱	主要刀工	烹調法	主材料類別	材料組合	水花款式	盤飾款式
蛋白雞茸羹	茸	羹	雞胸肉	雞胸肉、雞蛋	參考規格明細	參考規格明細
菊花溜魚球	剞刀厚片	脆溜	鱸魚	鳳梨、紅蘿蔔、青椒、紅辣椒、洋蔥、薑、鱸魚	
竹筍炒肉絲	絲	炒、爆炒	桶筍大里肌肉	桶筍、蔥、薑、紅辣椒、大里肌肉		

2. 第一階段繳交刀工作品規格（係取自菜名與食材切配依據表所示之切配成品，只需取出規格明細表所示之種類數量，每一種類的數量皆至少需有3/4量符合其規定尺寸，其餘作品留待烹調時適量取用）。

   (1) 受評分刀工作品為筍絲、洋蔥片、青椒片、蔥絲、薑絲、紅辣椒絲、里肌肉絲、雞茸、魚球、水花片兩款，以配菜盤分類盛裝受評，另加兩種盤飾以2只瓷盤盛裝擺設。

   (2) 規格明細

材料	規格描述（長度單位：公分）	數量	備註
紅蘿蔔水花片兩款	自選1款及指定1款，指定款須參考下列指定圖（形狀大小需可搭配菜餚）厚薄度（0.3~0.4公分）	各6片以上	
配合材料擺出兩種盤飾	下列指定圖3選2	各1盤	
筍絲	寬、高（厚）各為0.2~0.4，長4.0~6.0	120克以上	
洋蔥片	長3.0~5.0，寬2.0~4.0，高（厚）依食材規格，可切菱形片	切完	
青椒片	長3.0~5.0，寬2.0~4.0，高（厚）依食材規格，可切菱形片	切完	
蔥絲	寬、高（厚）各為0.3以下，長4.0~6.0	10克以上	
薑絲	寬、高（厚）各為0.3以下，長4.0~6.0	10克以上	
紅辣椒絲	寬、高（厚）各為0.3以下，長4.0~6.0	1條切完	
里肌肉絲	寬、高（厚）各為0.2~0.4，長4.0~6.0	切完	去筋膜
雞茸	直徑0.2以下	剁完	
魚球	剞切菊花花刀間隔為0.5~1.0	切完	頭尾勿丟棄，成品用

   水花及盤飾參考：依指定圖完成，可受公評並獲得普遍認同之美感。

指定水花（擇一）	(1)	(2)	(3)
指定盤飾（擇二） (1) 小黃瓜 (2) 大黃瓜、紅辣椒 (3) 大黃瓜、小黃瓜、紅辣椒	(1)	(2)	(3)

   (3) 無須繳驗部分：菜餚刀工之種類、取量與形狀，除了規格明細之數量外，還包括不須繳驗的部分，請務必依「菜名與食材切配依據」表之食材選用規定種類切配，配合題意之刀工規格切配出合宜的刀工形狀、數量與配色進行烹調。

301-3 題組 蛋白雞茸羹、菊花溜魚球、竹筍炒肉絲

1. 菜名與食材切配依據

菜餚名稱	主要刀工	烹調法	主材料類別	材料組合	水花款式	盤飾款式
蛋白雞茸羹	茸	羹	雞胸肉	雞胸肉、雞蛋	參考規格明細	參考規格明細
菊花溜魚球	剞刀厚片	脆溜	鱸魚	鳳梨、紅蘿蔔、青椒、紅辣椒、洋蔥、薑、鱸魚		
竹筍炒肉絲	絲	炒、爆炒	桶筍大里肌肉	桶筍、蔥、薑、紅辣椒、大里肌肉		

2. 第二階段烹調說明：

請依題意及菜名與食材切配依據表需求自刀工切配作品中適量取用，加入之食材種類不得短少，否則依不符題意處理（即該道菜判定為60分以下），水花則依配色或烹調量需求，需有兩款但各款數量不一定要全加。

(1) 蛋白雞茸羹

烹調規定	雞茸需調味上漿，以羹方式呈現
烹調法	羹
調味規定	以鹽、酒、糖、味精、胡椒粉、香油、太白粉等調味料自選合宜使用
備註	1. 雞茸不可有顆粒狀 2. 成品蛋白液呈雪花片或細片狀，規定材料不得短少

(2) 菊花溜魚球

烹調規定	1. 魚球需調味沾乾粉，炸酥且熟 2. 以薑片、洋蔥片炒香，與鳳梨、紅辣椒、青椒、水花、魚球製成脆溜菜 3. 頭尾炸酥，全魚排盤呈現
烹調法	脆溜
調味規定	以鹽、醬油、酒、番茄醬、白醋、糖、味精、胡椒粉、香油、太白粉等調味料自選合宜使用
備註	盤中不得積留太多油、醬汁，魚肉碎爛不得超過1/4量，規定材料不得短少

(3) 竹筍炒肉絲

烹調規定	1. 肉絲需調味上漿、汆燙或過油皆可 2. 以蔥絲、薑絲爆香，與筍及配料炒勻
烹調法	炒、爆炒
調味規定	以鹽、醬油、酒、糖、味精、胡椒粉、香油等調味料自選合宜使用
備註	筍需去酸味，規定材料不得短少

301-3 題組

★ 蛋白雞茸羹　　★ 菊花溜魚球　　★ 竹筍炒肉絲

指定水花（擇一）

指定盤飾（擇二）

97

蛋白雞茸羹

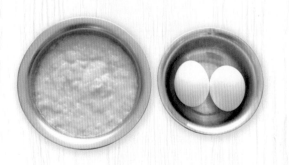

 材料
雞胸肉（帶骨帶皮）1/2 付、雞蛋 2 顆、水 1,200c.c.

 調味料
鹽 1t、味精 1/2t、酒 1t、糖 1t、胡椒粉 1t、太白粉水 50c.c.

重點提示

 羹
1. 雞茸一定要事先用開水浸泡去血水，湯汁才會清澈。
2. 蛋白加入 1/2t 太白粉水拌勻做出來蛋白絲片狀比較漂亮。
3. 烹調時火不要太旺，避免湯鍋產生太多泡沫。

※ 所有材料請依指定刀工切割完成

1. 雞胸肉洗淨，去骨去皮去筋切丁拍碎剁成茸。
2. 作法 1 加入 1 大 t 油和 1/2 杯水拌勻。
3. 作法 2 用開水浸泡去血水瀝乾備用。
4. 雞蛋洗淨依三段式打法，去蛋黃留蛋白拌勻備用。
5. 湯鍋入高湯 1,200c.c. 煮開，加調味料並用太白粉水勾芡成羹湯，並加入蛋白煮熟成絲片。
6. 作法 5 加入泡熟雞茸煮開即可盛盅。

1 將雞胸肉拍碎剁成茸加油和水拌勻

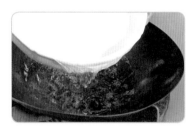

2 鍋中入水燒開

3 熱水沖入雞茸內

4 雞茸沖入熱水拌勻去血水

5 用濾網將雞茸瀝乾

6 雞茸瀝水後成品

7 鍋中入1,200c.c.高湯煮開加調味料勾琉璃芡

8 蛋白打散後淋入羹湯中

9 蛋白成絲片狀

10 羹湯中加入雞茸拌勻並加入香油

11 蛋白雞茸羹完成，用水盤盛出

12 食材完成圖

菊花溜魚球

材料

鳳梨 1 片、青椒半個、紅辣椒 1 條、洋蔥 1/4 個、鱸魚 1 尾、紅蘿蔔 1/2 條、太白粉 100g、薑 40g

調味料

鹽 1/4t、糖 3t、白醋 3t、水 150c.c.、酒 1t、香油 1t、番茄醬 3t、太白粉水適量

醃料

鹽 1/4t、胡椒粉 1/4t、酒 1t、香油 1t、太白粉 1 大 t

重點提示 ★

脆 溜

1. 魚片留皮，在魚肉上切花刀，深約 2/3 的深度。
2. 魚肉入油鍋內炸前，一定要沾滿乾粉，並馬上入油鍋內炸，這樣花紋才會呈現出來。
3. 烹調時，時間要短，並用包芡方式呈現。

※ 所有材料請依指定刀工切割完成

1. 鱸魚洗淨去內臟及鱗片，去骨取魚腓肉，切成花刀魚塊（至少6塊），醃漬上漿後沾太白粉，入油鍋炸熟備用。頭尾沾乾粉入油鍋炸熟撈出擺盤。

2. 其他材料燙熟備用，紅辣椒切菱形片，鳳梨片切6等份。

3. 熱油潤鍋爆香洋蔥，加入高湯150c.c.、作法2、調味料、作法1，以滑溜烹調手法完成後即可盛盤。

1 魚球加調味料醃漬上漿

2 醃漬好魚球沾乾粉

3 油鍋燒熱150度將魚球入油鍋內炸

4 炸熟魚球撈出瀝油

5 鍋中燒熱水汆燙副材料

6 副材料汆燙後撈出瀝水

7 鍋中入油將辛香料炒香並加入調味料

8 調味料煮開加入鳳梨片

9 湯汁煮開加入所有材料

10 材料入鍋後快速拌炒均勻

11 食材盛皿

12 食材盛盤後並擺上炸好頭尾

竹筍炒肉絲

 材料

桶筍 1 支、蔥 50g、薑 40g、紅辣椒 1 條、大里肌肉 200g

 調味料

鹽 1/2t、味精 1/2t、胡椒粉 1/2t、香油 1t、水 1/4 杯

 醃料

醬油 1/2t、胡椒粉 1/4t、酒 1t、香油 1t、太白粉 1 大 t

**重點提示 **

炒

1. 大里肌肉上漿後用少許油拌勻，汆燙或過油時避免黏結成團。
2. 竹筍是主材料，份量要足夠，汆燙時間也要足夠。
3. 烹調時，動作快，時間短，火要旺。

※ 所有材料請依指定刀工切割完成
1. 大里肌肉切絲，醃漬上漿，過油或汆燙至熟備用。
2. 桶筍汆燙至熟去酸味。
3. 蔥、薑、紅辣椒（去籽）切絲。
4. 熱油潤鍋爆香作法3，依序加入作法2、作法1、調味料，拌炒均勻即可起鍋盛盤。

1 肉絲調味上漿

2 下油鍋拉油

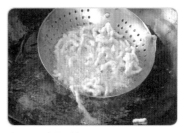

3 撈出瀝乾

4 汆燙桶筍

5 撈出瀝乾

6 拌炒食材並加入調味料

7 將食材拌炒均勻

8 拌勻後盛盤

9 食材完成圖

301-4 題組 黑胡椒豬柳、香酥花枝絲、薑絲魚片湯

1. 菜名與食材切配依據

菜餚 名稱	主要 刀工	烹調法	主材料 類別	材料組合	水花 款式	盤飾 款式
黑胡椒豬柳	條	滑溜	大里肌肉	蒜頭、洋蔥、紅蘿蔔、西芹、大里肌肉		參考規格明細
香酥花枝絲	絲	炸、拌炒	花枝（清肉）	蔥、蒜頭、紅辣椒、花枝（清肉）		
薑絲魚片湯	片	煮（湯）	鱸魚	薑、鱸魚、紅蘿蔔	參考規格明細	

2. 材料明細

名稱	規格描述	重量（數量）	備註
洋蔥	飽滿無潰爛無黑心	1/4個	250克以上／個
紅蘿蔔	表面平整不皺縮不潰爛	1條	300克以上／條，若為空心須再補發
西芹	整把分單支發放	1單支	80克以上／支
蔥	新鮮飽滿	50克	
薑	長段無潰爛	60克	需可切絲
蒜頭	飽滿無發芽無潰爛	20克	
紅辣椒	表面平整不皺縮不潰爛	2條	10克以上／條
小黃瓜	不可大彎曲鮮度足	1條	80克以上／條
大黃瓜	表面平整不皺縮不潰爛	1截	6公分長／截
大里肌肉	完整塊狀鮮度足可橫紋切條	200克	
花枝	僅供應清肉鮮度足（不可帶頭部）	1隻	約150克
鱸魚	體形完整鮮度足未處理	1隻	600克以上／隻，非活魚

刀工作品規格卡

301-4 題組　黑胡椒豬柳、香酥花枝絲、薑絲魚片湯

1. 菜名與食材切配依據

菜餚名稱	主要刀工	烹調法	主材料類別	材料組合	水花款式	盤飾款式
黑胡椒豬柳	條	滑溜	大里肌肉	蒜頭、洋蔥、紅蘿蔔、西芹、大里肌肉		參考規格明細
香酥花枝絲	絲	炸、拌炒	花枝（清肉）	蔥、蒜頭、紅辣椒、花枝（清肉）		
薑絲魚片湯	片	煮（湯）	鱸魚	薑、鱸魚、紅蘿蔔	參考規格明細	

2. 第一階段繳交刀工作品規格（係取自菜名與食材切配依據表所示之切配成品，只需取出規格明細表所示之種類數量，每一種類的數量皆至少需有3/4量符合其規定尺寸，其餘作品留待烹調時適量取用）。

(1) 受評分刀工作品為洋蔥條、西芹條、紅蘿蔔條、蔥花、紅辣椒末、薑絲、豬柳、花枝絲、魚片、水花片兩款，以配菜盤分類盛裝受評，另加兩種盤飾以2只瓷盤盛裝擺設。

(2) 規格明細

材料	規格描述（長度單位：公分）	數量	備註
紅蘿蔔水花片兩款	自選1款及指定1款，指定款須參考下列指定圖（形狀大小需可搭配菜餚）厚薄度（0.3~0.4公分）	各6片以上	
配合材料擺出兩種盤飾	下列指定圖3選2	各1盤	
洋蔥條	寬為0.5~1.0，長4.0~6.0，高（厚）依食材規格	切完	
西芹條	寬0.5~1.0，長4.0~6.0，高（厚）依食材規格	整支切完	
紅蘿蔔條	寬、高（厚）各為0.5~1.0，長4.0~6.0	10條以上	
蔥花	長、寬、高（厚）各為0.2~0.4	10克以上	
紅辣椒末	直徑0.3以下碎末	切完	
薑絲	寬、高（厚）各為0.3以下，長4.0~6.0	25克以上	魚湯用
豬柳	寬、高（厚）各為1.2~1.8，長5.0~7.0	140克以上	去筋膜
花枝絲	寬、高（厚）各為0.2~0.4，長4.0~6.0	切完	
魚片	長4.0~6.0、寬2.0~4.0，高（厚）0.8~1.5	切完	頭尾勿丟棄，成品用

水花及盤飾參考：依指定圖完成，可受公評並獲得普遍認同之美感。

指定水花（擇一）	(1)	(2)	(3)
指定盤飾（擇二） (1) 大黃瓜、紅蘿蔔 (2) 大黃瓜、小黃瓜、紅辣椒 (3) 小黃瓜	(1)	(2)	(3)

(3) 無須繳驗部分：菜餚刀工之種類、取量與形狀，除了規格明細之數量外，還包括不須繳驗的部分，請務必依「菜名與食材切配依據」表之食材選用規定種類切配，配合題意之刀工規格切配出合宜的刀工形狀、數量與配色進行烹調。

301-4 題組　黑胡椒豬柳、香酥花枝絲、薑絲魚片湯

1. 菜名與食材切配依據

菜餚名稱	主要刀工	烹調法	主材料類別	材料組合	水花款式	盤飾款式
黑胡椒豬柳	條	滑溜	大里肌肉	蒜頭、洋蔥、紅蘿蔔、西芹、大里肌肉		參考規格明細
香酥花枝絲	絲	炸、拌炒	花枝（清肉）	蔥、蒜頭、紅辣椒、花枝（清肉）		
薑絲魚片湯	片	煮（湯）	鱸魚	薑、鱸魚、紅蘿蔔	參考規格明細	

2. 第二階段烹調說明：

請依題意及菜名與食材切配依據表需求自刀工切配作品中適量取用，加入之食材種類不得短少，否則依不符題意處理（即該道菜判定為60分以下），水花則依配色或烹調量需求，需有兩款但各款數量不一定要全加。

(1) 黑胡椒豬柳

烹調規定	1. 豬柳需調味上漿、汆燙或過油皆可 2. 以蒜末、洋蔥條炒香
烹調法	滑溜
調味規定	以醬油、酒、鹽、糖、味精、粗粒黑胡椒粉、香油、太白粉水等調味料自選合宜使用
備註	可有醬汁，但需稍濃而少（非燴菜），規定材料不得短少

(2) 香酥花枝絲

烹調規定	1. 花枝沾乾粉，炸至表面酥香 2. 爆香蒜末、蔥花、紅辣椒末，再與椒鹽拌合
烹調法	炸、拌炒
調味規定	鹽、味精、白胡椒粉等調味料自選合宜使用
備註	規定材料不得短少

(3) 薑絲魚片湯

烹調規定	魚頭、魚肉、魚尾並加入水花，以湯的方式供應
烹調法	煮（湯）
調味規定	以鹽、酒、味精、胡椒粉、香油等調味料自選合宜使用
備註	魚肉完整，破碎少於1/3，湯汁清澈，規定材料不得短少

301-4 題組

★ 黑胡椒豬柳　　　★ 香酥花枝絲　　　★ 薑絲魚片湯

指定水花（擇一）

指定盤飾（擇二）

黑胡椒豬柳

🧄 材料
洋蔥 1/4 個、紅蘿蔔 1/2 條、西芹 1 單支、大里肌肉 200g、蒜頭 10g

🧂 調味料
醬油 1t、味精 1/2t、糖 1t、粗粒黑胡椒粉 1t、香油 2t、太白粉水 1t

🫙 醃料
醬油 1t、胡椒粉 1/4t、酒 1t、香油 1t、太白粉 1 大t

重點提示

滑溜
1. 大里肌肉汆燙或過油時，盡量拉直成條狀。
2. 黑胡椒粒可事先用乾鍋炒香，再加入醬汁。
3. 烹調時，勾琉璃芡，而芡汁稍稠些。

※ 所有材料請依指定刀工切割完成
1. 大里肌肉切條，醃漬上漿，過油或汆燙至熟備用。
2. 其他材料燙熟備用。黑胡椒粒先用乾鍋炒香，再入醬汁。
3. 熱油潤鍋將洋蔥、蒜末（蒜片）爆香後，加入高湯 150c.c.，依序加入作法 2、調味料、作法 1，拌炒均勻即可盛盤。

1 大里肌肉調味醃漬上漿

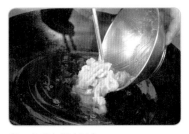
2 下油鍋拉油

3 撈出瀝乾

4 汆燙配菜

5 撈出食材

6 乾鍋爆香黑胡椒

7 爆香辛香料加入醬汁並將食材拌炒均勻

8 盛盤

9 食材完成圖

香酥花枝絲

 材料

蔥 50g、蒜頭 10g、紅辣椒 2 條、花枝（清肉）250g、太白粉 60g

 調味料

鹽 1/4t、味精 1/2t、胡椒粉 1/2t

 醃料

鹽 1/6t、胡椒粉 1/4t、酒 1t、香油 1t、太白粉 1t

重點提示 ★

炸 拌 炒

1. 花枝一定要切橫絲，避免烹調時縮成一圈。
2. 食材入油鍋內炸熟撈出，提高油溫二次回鍋搶酥。
3. 烹調時，不能有油脂和湯汁。

※ 所有材料請依指定刀工切割完成

1. 蔥切蔥花，蒜頭、紅辣椒切末。

2. 花枝（清肉）切絲，醃漬上漿沾太白粉。

3. 鍋內加入 6 分滿的沙拉油加熱至 160 度後，將沾好乾粉的花枝炸熟呈金黃色。

4. 利用少許油爆香作法 1，再把炸好的花枝絲放入鍋內，加入調味料拌勻即可起鍋盛盤。

1 花枝絲加入調味料醃漬

2 食材醃漬後上漿

3 食材拌乾粉並將多餘粉抖掉

4 油鍋燒熱160度將食材入油鍋內炸

5 食材炸熟呈金黃色外表酥脆撈出瀝油

6 鍋中入油將辛香料炒香

7 辛香料炒香後加蔥花

8 辛香料炒香後加入花枝絲和調味料

9 食材加入調味料拌炒均勻後盛盤

10 食材完成圖

薑絲魚片湯

材 料
薑 60g、鱸魚 1 隻、紅蘿蔔 1/2 條

調味料
鹽 1/2t、味精 1t、酒 2t

醃 料
鹽 1/6t、胡椒粉 1/4t、酒 1t、香油 1t、太白粉
1 大 t

重點提示

煮 湯
1. 魚肉取片時，盡量一刀成形，避免魚肉破損。
2. 汆燙魚肉時，定要一片一片入鍋，食材才會呈片狀。
3. 薑絲切畢，用水洗過，避免氧化變黑。

※ 所有材料請依指定刀工切割完成

1. 鱸魚洗淨，去內臟及鱗片，去骨、去皮取魚腓肉切片，醃漬上漿，汆燙至熟備用。魚頭對半切開和魚尾汆燙備用。
2. 紅蘿蔔切水花片燙熟備用、薑切絲備用。
3. 鍋中放入高湯 1,000c.c.，將作法 2 放入，待水滾後再加入作法 1 的魚片和頭尾煮熟，調味後即可盛入碗內。

1 魚片加調味料醃漬

2 魚片醃漬後上漿

3 水花片汆燙撈出瀝水

4 鍋中入水燒至9分熱將魚片入鍋中汆燙

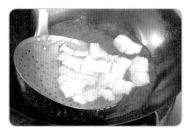

5 魚片入鍋中汆燙過程

6 加入魚頭、魚尾汆燙

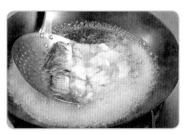

7 食材汆燙至熟撈出瀝水

8 鍋中入高湯1,000c.c.煮開加調味料並將所有食材入鍋中煮開

9 食材完成圖（多餘辛香料不受評可增加）

 **材料清點卡**

301-5 題組 香菇肉絲油飯、炸鮮魚條、燴三鮮

1. 菜名與食材切配依據

菜餚名稱	主要刀工	烹調法	主材料類別	材料組合	水花款式	盤飾款式
香菇肉絲油飯	絲	蒸、熟拌	大里肌肉	長糯米、乾香菇、蝦米、乾魷魚、紅蔥頭、老薑、大里肌肉		參考規格明細
炸鮮魚條	條	軟炸	鱸魚	麵粉、太白粉、鱸魚		
燴三鮮	片	燴	大里肌肉、鮮蝦、花枝	乾香菇、紅蘿蔔、小黃瓜、薑、蔥、大里肌肉、鮮蝦、花枝	參考規格明細	

2. 材料明細

名稱	規格描述	重量（數量）	備註
長糯米	米粒完整無霉味	220克	236ml量杯1杯
乾香菇	直徑4公分以上	6朵	可於洗鍋具時優先煮水浸泡於乾貨類切割
蝦米	紮實無異味	15克	
乾魷魚身	紮實無黴無腐鹹味，直向分切，需供應泡軟者	1/3隻	前一日需泡冷水，若無，監評請督導補救
紅蔥頭	紮實無空洞無黴臭	3粒	
老薑	無潰爛無長芽	50克	做油飯可不去皮
紅蘿蔔	表面平整不皺縮不潰爛	1條	300克以上／條，若為空心須再補發
紅辣椒	表面平整不皺縮不潰爛	1條	10克以上／條
小黃瓜	不可大彎曲鮮度足	2條	80克以上／條
大黃瓜	表面平整不皺縮不潰爛	1截	6公分長／截
薑	長段無潰爛	40克	不宜細條，需可供切水花片
蔥	新鮮飽滿	50克	2支
大里肌肉	完整塊狀鮮度足可橫紋切絲、片	200克	
鱸魚	體形完整鮮度足未處理	1隻	600克以上／隻，非活魚
花枝	僅供應清肉鮮度足（不可帶頭部）	100克以上	
白蝦或草蝦	中小型冷凍全蝦，每斤20隻裝	6隻	洗滌時取蝦仁

301-5 題組　香菇肉絲油飯、炸鮮魚條、燴三鮮

1. 菜名與食材切配依據

菜餚名稱	主要刀工	烹調法	主材料類別	材料組合	水花款式	盤飾款式
香菇肉絲油飯	絲	蒸、熟拌	大里肌肉	長糯米、乾香菇、蝦米、乾魷魚、紅蔥頭、老薑、大里肌肉		參考規格明細
炸鮮魚條	條	軟炸	鱸魚	麵粉、太白粉、鱸魚		
燴三鮮	片	燴	大里肌肉、鮮蝦、花枝	乾香菇、紅蘿蔔、小黃瓜、薑、蔥、大里肌肉、鮮蝦、花枝	參考規格明細	

2. 第一階段繳交刀工作品規格（係取自菜名與食材切配依據表所示之切配成品，只需取出規格明細表所示之種類數量，每一種類的數量皆至少需有3/4量符合其規定尺寸，其餘作品留待烹調時適量取用）。

(1) 受評分刀工作品為乾香菇絲、乾香菇片、乾魷魚絲、小黃瓜片、里肌肉絲、里肌肉片、花枝片、魚條、鮮蝦、水花片兩款，以配菜盤分類盛裝受評，另加兩種盤飾以2只瓷盤盛裝擺設。

(2) 規格明細

材料	規格描述（長度單位：公分）	數量	備註
紅蘿蔔水花片	指定1款，指定款須參考下列指定圖（形狀大小需可搭配菜餚）厚薄度（0.3~0.4公分）	6片以上	
薑水花片	自選1款厚薄度（0.3~0.4公分）	6片以上	
配合材料擺出兩種盤飾	下列指定圖3選2	各1盤	
乾香菇絲	寬、高（厚）各為0.2~0.4，長依食材規格	3朵	
乾香菇片	復水去蒂，斜切，寬2.0~4.0、長度及高（厚）依食材規格	3朵	
乾魷魚絲	寬、高（厚）各為0.2~0.4，長4.0~6.0	切完	
小黃瓜片	長4.0~6.0，寬2.0~4.0，高（厚）0.2~0.4，可切菱形片	10片以上	略小於肉片
里肌肉絲	寬、高（厚）各為0.2~0.4，長4.0~6.0	切完	去筋膜
里肌肉片	長4.0~6.0，寬2.0~4.0，高（厚）0.4~0.6	切完	去筋膜
花枝片	長4.0~6.0，寬2.0~4.0，高（厚）0.2~0.4的梳子花刀片（花刀間隔為0.5以下）	切完	
魚條	寬、高（厚）各為0.8~1.2，長4.0~6.0	切完	頭尾勿丟棄，成品用
鮮蝦	洗滌時去腸泥取蝦仁，橫批為二片	切完	

水花及盤飾參考：依指定圖完成，可受公評並獲得普遍認同之美感。

指定水花（擇一）	(1)	(2)	(3)
指定盤飾（擇二） (1) 小黃瓜 (2) 大黃瓜、紅辣椒 (3) 大黃瓜、小黃瓜、紅辣椒	(1)	(2)	(3)

(3) 無須繳驗部分：菜餚刀工之種類、取量與形狀，除了規格明細之數量外，還包括不須繳驗的部分，請務必依「菜名與食材切配依據」表之食材選用規定種類切配，配合題意之刀工規格切配出合宜的刀工形狀、數量與配色進行烹調。

301-5 題組 香菇肉絲油飯、炸鮮魚條、燴三鮮

1. 菜名與食材切配依據

菜餚名稱	主要刀工	烹調法	主材料類別	材料組合	水花款式	盤飾款式
香菇肉絲油飯	絲	蒸、熟拌	大里肌肉	長糯米、乾香菇、蝦米、乾魷魚、紅蔥頭、老薑、大里肌肉		參考規格明細
炸鮮魚條	條	軟炸	鱸魚	麵粉、太白粉、鱸魚		
燴三鮮	片	燴	大里肌肉、鮮蝦、花枝	乾香菇、紅蘿蔔、小黃瓜、薑、蔥、大里肌肉、鮮蝦、花枝	參考規格明細	

2. 第二階段烹調說明：

請依題意及菜名與食材切配依據表需求自刀工切配作品中適量取用，加入之食材種類不得短少，否則依不符題意處理（即該道菜判定為60分以下），水花則依配色或烹調量需求，需有兩款但各款數量不一定要全加。

(1) 香菇肉絲油飯

烹調規定	需有爆香老薑絲及紅蔥頭片的香味，以蒸拌法烹調
烹調法	蒸、熟拌
調味規定	以麻油、醬油、酒、糖、味精、胡椒粉、五香粉等調味料自選合宜使用
備註	米粒不得軟爛，規定材料不得短少

(2) 炸鮮魚條

烹調規定	1. 魚條需調味，沾麵糊炸酥脆且上色 2. 頭尾炸酥，全魚排盤呈現
烹調法	軟炸
調味規定	麵粉、太白粉、鹽、泡達粉、胡椒粉、沙拉油、水等自選合宜使用
備註	需有體積膨脹的外觀，規定材料不得短少

(3) 燴三鮮

烹調規定	以蔥白段爆香，包含紅蘿蔔片、蔥段、水花燴煮成菜
烹調法	燴
調味規定	以鹽、醬油、白醋、烏醋、酒、糖、味精、胡椒粉、香油、太白粉水等調味料自選合宜使用
備註	需有燴汁，規定材料不得短少

301-5 題組

★ 香菇肉絲油飯　　　★ 炸鮮魚條　　　★ 燴三鮮

指定水花（擇一）

指定盤飾（擇二）

香菇肉絲油飯

 材料

長糯米 220g、乾香菇 3 朵、蝦米 15g、乾魷魚 1/3 隻、紅蔥頭 3 粒、老薑 50g、大里肌肉 100g

 調味料

胡麻油 2t、醬油 1t、酒 1t、糖 1t、味精 1t、胡椒粉 1t、水 1/4 杯

重點提示 ★

蒸 **拌**

1. 糯米泡水後用熱水汆燙，可縮短蒸的時間和確保米飯的全熟度。
2. 魷魚一定要切橫絲，避免捲縮成一圈。
3. 胡麻油炒辛香料和食材時盡量用中小火，避免胡麻油變苦。

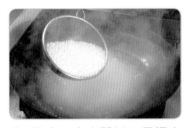

1 鍋中入水煮開倒入長糯米
汆燙30秒撈出瀝水

2 蒸籠水開後放入糯米用中
大火蒸15分鐘

3 蒸熟米飯取出

4 肉絲加調味料醃漬

5 鍋中入胡麻油將薑末、紅
蔥頭炒香

6 鍋中入油將肉絲炒熟

7 將肉絲炒熟後再加入所有
材料拌炒至香氣出來

8 所有材料拌炒後加入調味
料並煮開

9 鍋中加入米飯並拌勻

10 油飯拌好盛盤

11 食材完成圖

炸鮮魚條

🧄 材料
麵粉 1 杯、太白粉 1/3 杯、鱸魚 1 隻

🍚 麵糊
麵粉 1 杯、太白粉 1/3 杯、泡達粉 1/2t、沙拉油 100c.c.、雞蛋 1 顆、水 0.6~0.8 杯

🧂 醃料
鹽 1/6t、胡椒粉 1/6t、香油 1/2t、酒 1/2t、太白粉 1t

重點提示 ★

軟 炸
1. 魚肉切條時，可先切段再切條，這樣刀工比較一致。
2. 麵糊調好後，先醒 10 分鐘，發酵後麵糊才會產生功效。
3. 烹調時，要注意火候控制。

※ 所有材料請依指定刀工切割完成

1. 鱸魚洗淨，去鱗、鰓、腸泥，去頭尾取魚肉，再去魚皮，切條狀備用。
2. 魚條醃入胡椒粉、鹽拌勻，再取少許太白粉、雞蛋、水、沙拉油、麵粉、泡達粉，調成麵糊備用。
3. 頭尾處理後沾乾粉入油鍋內炸熟撈出擺盤。
4. 油鍋燒熱 160 度將作法 1 沾麵糊，入油鍋內炸熟呈金黃色撈出擺盤。

1 麵粉1杯、太白粉1/3杯、雞蛋1顆、油100c.c.、泡達粉1/2t、水0.6~0.8杯

2 麵糊調製過程

3 麵糊加水調製過程至麵糊完成

4 魚條加調味料

5 魚條加入調味料拌勻

6 魚條拌勻後加入太白粉

7 將食材上漿拌勻

8 油鍋燒熱160度將食材拌麵糊入油鍋內炸

9 食材入油鍋後用長筷攪動讓食材色澤均勻

10 將食材炸熟外表酥脆呈金黃色撈出瀝油

11 食材擺盤並擺上炸好頭尾

燴 三 鮮

 材 料

乾香菇 3 朵、紅蘿蔔 1 條、小黃瓜 2 條、薑片 40g、蔥斜段 50g、大里肌肉 100g 切片、鮮蝦 6 隻、花枝（清肉）100g

 調味料

鹽 1/4t、烏醋 1t、酒 1t、糖 1/2t、味精 1/2t、香油 1t、太白粉水 1t

 醃 料

醬油 1/2t、胡椒粉 1/4t、酒 1/2t、香油 1/2t、太白粉 1t

**重點提示 **

燴
1. 白蝦去殼後記得去腸泥。
2. 蝦仁先拌麵糊再沾乾粉入油鍋炸熟。
3. 烹調時宜勾琉璃芡。

作法 ★

※ 所有材料請依指定刀工切割完成

1. 乾香菇切片，小黃瓜切斜菱片，紅蘿蔔切水花片，薑切水花片，蔥切斜段，大里肌肉切片醃漬上漿，鮮蝦去殼、去腸泥，花枝肉切梳子片。

2. 作法 1 汆燙熟撈出備用，蝦仁拌麵糊沾乾粉入油鍋內炸熟撈出備用。

3. 蔥、薑片爆香，加入水 1.5 杯，續加入所有食材、調味料煮滾後，以太白粉水勾芡、烏醋提香即可。

1 肉片加調味料醃漬上漿

2 將食材拌勻

3 肉片入鍋中汆燙至熟撈出瀝水

4 蝦仁拌麵糊沾乾粉入油鍋內炸酥脆撈出瀝油

5 花枝片入鍋中汆燙至熟撈出瀝水

6 鍋中入油將薑片炒香

7 鍋中加入調味料和水1.5杯並加入汆燙過的副材料

8 湯汁煮開後加入所有材料烹煮並用太白粉水勾芡

9 加入1t烏醋提香

10 食材烹煮完成後盛盤

11 食材完成圖

301-6 題組 糖醋瓦片魚、燜燒辣味茄條、炒三色肉丁

1. 菜名與食材切配依據

菜餚名稱	主要刀工	烹調法	主材料類別	材料組合	水花款式	盤飾款式
糖醋瓦片魚	片	脆溜	鱸魚	紅蘿蔔、青椒、洋蔥、薑、鱸魚	參考規格明細	參考規格明細
燜燒辣味茄條	條、末	燒	茄子	茄子、蔥、薑、紅辣椒、蒜頭、絞肉		
炒三色肉丁	丁	炒、爆炒	大里肌肉	五香大豆乾、青椒、蒜頭、紅蘿蔔、紅辣椒、大里肌肉		

2. 材料明細

名稱	規格描述	重量（數量）	備註
五香大豆乾	完整塊狀鮮度足無酸味	1/2塊	厚度2.0公分以上
紅蘿蔔	表面平整不皺縮不潰爛	1條	300克以上／條，若為空心須再補發
青椒	表面平整不皺縮不潰爛	1個	120克以上／個
洋蔥	飽滿無潰爛無黑心	1/4個	250克以上／個
茄子	飽滿無潰爛鮮度足	2條	180克以上／條
蔥	新鮮飽滿	50克	
薑	長段無潰爛	60克	需可切片、末
蒜頭	飽滿無發芽無潰爛	20克	
紅辣椒	表面平整不皺縮不潰爛	2條	10克以上／條
小黃瓜	不可大彎曲鮮度足	1條	80克以上／條
大黃瓜	表面平整不皺縮不潰爛	1截	6公分長／截
豬絞肉	鮮度足無異味	50克	
大里肌肉	完整塊狀鮮度足	200克	
鱸魚	體形完整鮮度足未處理	1隻	600克以上／隻，非活魚

刀工作品規格卡

301-6 題組　糖醋瓦片魚、燜燒辣味茄條、炒三色肉丁

1. 菜名與食材切配依據

菜餚名稱	主要刀工	烹調法	主材料類別	材料組合	水花款式	盤飾款式
糖醋瓦片魚	片	脆溜	鱸魚	紅蘿蔔、青椒、洋蔥、薑、鱸魚	參考規格明細	參考規格明細
燜燒辣味茄條	條、末	燒	茄子	茄子、蔥、薑、紅辣椒、蒜頭、絞肉		
炒三色肉丁	丁	炒、爆炒	大里肌肉	五香大豆乾、青椒、蒜頭、紅蘿蔔、紅辣椒、大里肌肉		

2. 第一階段繳交刀工作品規格（係取自菜名與食材切配依據表所示之切配成品，只需取出規格明細表所示之種類數量，每一種類的數量皆至少需有3/4量符合其規定尺寸，其餘作品留待烹調時適量取用）。

(1) 受評分刀工作品為五香大豆乾丁、青椒片、青椒丁、薑末、蒜末、紅蘿蔔丁、紅辣椒丁、里肌肉丁、鱸魚斜瓦片、水花片兩款，以配菜盤分類盛裝受評，另加兩種盤飾以2只瓷盤盛裝擺設。

(2) 規格明細

材料	規格描述（長度單位：公分）	數量	備註
紅蘿蔔水花片兩款	自選1款及指定1款，指定款須參考下列指定圖（形狀大小需可搭配菜餚）厚薄度（0.3~0.4公分）	各6片以上	
配合材料擺出兩種盤飾	下列指定圖3選2	各1盤	
五香大豆乾丁	長、寬、高（厚）各0.8~1.2	1/2塊切完	
青椒片	長3.0~5.0，寬2.0~4.0，高（厚）依食材規格，可切菱形片	1/2個切完	
青椒丁	長、寬各0.8~1.2，高（厚）依食材規格	1/2個切完	
薑末	直徑0.3以下碎末	10克	
蒜末	直徑0.3以下碎末	10克	兩道菜用
紅蘿蔔丁	長、寬、高（厚）各0.8~1.2	40克以上	
紅辣椒丁	長、寬各0.8~1.2，高（厚）依食材規格	1條切完	
里肌肉丁	長、寬、高（厚）各0.8~1.2	140克以上	去筋膜
鱸魚斜瓦片	長4.0~6.0，寬2.0~4.0，高（厚）0.8~1.5	切完	頭尾勿丟棄，成品用

水花及盤飾參考：依指定圖完成，可受公評並獲得普遍認同之美感。

指定水花 （擇一）	(1)	(2)	(3)
指定盤飾（擇二） (1) 大黃瓜、小黃瓜、紅辣椒 (2) 大黃瓜 (3) 小黃瓜	(1)	(2)	(3)

(3) 無須繳驗部分：菜餚刀工之種類、取量與形狀，除了規格明細之數量外，還包括不須繳驗的部分，請務必依「菜名與食材切配依據」表之食材選用規定種類切配，配合題意之刀工規格切配出合宜的刀工形狀、數量與配色進行烹調。

301-6 題組 糖醋瓦片魚、燜燒辣味茄條、炒三色肉丁

1. 菜名與食材切配依據

菜餚名稱	主要刀工	烹調法	主材料類別	材料組合	水花款式	盤飾款式
糖醋瓦片魚	片	脆溜	鱸魚	紅蘿蔔、青椒、洋蔥、薑、鱸魚	參考規格明細	參考規格明細
燜燒辣味茄條	條、末	燒	茄子	茄子、蔥、薑、紅辣椒、蒜頭、絞肉		
炒三色肉丁	丁	炒、爆炒	大里肌肉	五香大豆乾、青椒、蒜頭、紅蘿蔔、紅辣椒、大里肌肉		

2. 第二階段烹調說明：

請依題意及菜名與食材切配依據表需求自刀工切配作品中適量取用，加入之食材種類不得短少，否則依不符題意處理（即該道菜判定為60分以下），水花則依配色或烹調量需求，需有兩款但各款數量不一定要全加。

(1) 糖醋瓦片魚

烹調規定	1. 魚片須調味上漿，沾乾粉炸酥且熟 2. 以薑片爆香，與水花、洋蔥、青椒以脆溜烹調法完成 3. 頭尾炸酥，全魚排盤呈現
烹調法	脆溜
調味規定	以鹽、醬油、酒、番茄醬、白醋、糖、味精、胡椒粉、香油、太白粉水等調味料自選合宜使用
備註	盤中無醬汁或不得有太多醬汁，魚肉碎爛不得超過1/3量，規定材料不得短少

(2) 燜燒辣味茄條

烹調規定	1. 茄條炸過以保紫色而透 2. 以蔥末、薑末、蒜末為爆香料與醬料、絞肉、茄條燒煮，淡芡成菜，拌合蔥花而起
烹調法	燒
調味規定	以辣豆瓣醬、醬油、酒、白醋、糖、味精、香油、胡椒粉、太白粉水等調味料自選合宜使用
備註	茄條需軟化而呈（淡）紫色，不得全呈褐色，不得嚴重濃縮出油，規定材料不得短少

(3) 炒三色肉丁

烹調規定	1. 肉丁需調味上漿，與豆乾汆燙或過油皆可 2. 以蒜末爆香，以炒或爆炒烹調法完成
烹調法	炒、爆炒
調味規定	以鹽、酒、糖、味精、胡椒粉、香油、太白粉水等調味料自選合宜使用
備註	規定材料不得短少

301-6 題組

★ 糖醋瓦片魚　　　★ 燜燒辣味茄條　　　★ 炒三色肉丁

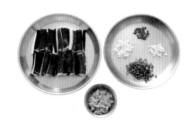

指定水花（擇一）

指定盤飾（擇二）

糖醋瓦片魚

🧄 **材料**

紅蘿蔔 1/2 條（水花片 6 片）、青椒 1/2 個、洋蔥 1/4 個、鱸魚 1 隻、薑 30g

 調味料

番茄醬 3t、白醋 3t、糖 3t、水 3t、酒 1t

 醃料

鹽 1/4t、酒 1t、味精 1/4t、胡椒粉 1/4t、香油 1t、太白粉 1t

重點提示 ★

脆 溜

1. 魚肉切片時應一刀成形，避免食材破損。
2. 魚肉醃漬上漿後、入油鍋內炸前，一定要沾乾粉，且油鍋溫度要夠高，否則食材沒辦法炸酥脆。
3. 烹調時，以包芡方式呈現，不能有太多醬汁。

※ 所有材料請依指定刀工切割完成

1. 鱸魚洗淨,去鱗、鰓、腸泥,去頭尾取魚肉切成瓦片,最少 12 片,用醃料醃漬備用。青椒切菱形片、洋蔥切菱形片。
2. 魚片沾乾粉入油鍋炸酥撈出,青椒、洋蔥過油撈出,紅蘿蔔片汆燙至熟撈出。
3. 調味料煮開,再將魚片、青椒、洋蔥、紅蘿蔔片下鍋拌勻即可。
4. 頭尾處理後沾乾粉入油鍋內炸熟撈出擺盤。

1 魚片加調味料醃漬上漿

2 醃漬過魚片沾地瓜粉

3 青椒入油鍋過油

4 副材料汆燙撈出瀝水

5 油鍋燒熱160度將魚片入油鍋內炸

6 魚片油炸過程

7 炸好魚片撈出瀝油

8 調製調味料

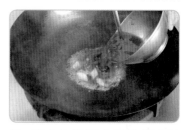

9 鍋中入油將辛香料炒香並加入調味料

10 調味料煮開加入副材料

11 加入魚片並快速拌炒均勻

12 烹煮好食材盛盤並擺上炸好頭尾

燜燒辣味茄條

材料

茄子 2 條、蔥 50g、薑 30g、蒜頭 10g、豬絞肉 50g、紅辣椒 1 條

調味料

辣豆瓣醬 2t、醬油 1t、酒 1t、白醋 1t、糖 1t、味精 1/2t、水 1 杯、香油 1t、太白粉水 1t

重點提示 ★

燒
1. 茄子切條後不要泡水，因食材吸水量高，避免烹調時影響口感。
2. 茄子入油鍋內時，油溫要高，食材色澤才會鮮豔。
3. 烹調時油不要太多，避免成品產生油膩。

※ 所有材料請依指定刀工切割完成

1. 茄子切 6cm 長段，再改切條狀，蔥、薑、蒜頭紅辣椒切末備用。

2. 茄條入油鍋炸成紫色撈出，炒鍋入油炒香豬絞肉和辛香料放入調味料、水 1.5 杯燒開，續加入茄條轉小火燜煮。

3. 茄條收汁前再加入蔥花拌炒均勻，即可盛盤。

1 調製調味料

2 油鍋燒熱170度將茄條入油鍋內炸

3 將茄條炸至金黃色撈出瀝油

4 鍋中入油將肉末炒香

5 肉末炒香後加入辛香料炒香

6 辛香料炒香後加入調味料和1.5杯水

7 湯汁煮開加入茄條燜煮

8 食材烹煮完成起鍋前加入蔥花

9 食材完成圖

炒三色肉丁

 材料
五香大豆乾 1/2 塊、青椒 1/2 個、蒜頭 10g、
紅蘿蔔 1/2 條、紅辣椒 1 條、大里肌肉 200g

調味料
水 1/4 杯、鹽 1/2t、醬油 1/2t、酒 1t、糖 1t、
味精 1/2t、香油 1t、太白粉水 1t

醃料
鹽 1/4t、胡椒粉 1/2t、糖 1/2t、太白粉 1t

重點提示 ★

 炒
1. 肉丁上漿後加入少許油拌勻，汆燙或過油時，避免黏結成團。
2. 五香大豆乾可用油炸方式，這樣食材會更香。
3. 烹調時，動作快，時間短，火要旺。

作法 ★

※ 所有材料請依指定刀工切割完成

1. 大里肌肉切 1.2cm 四方丁，五香大豆乾、紅蘿蔔切 1.2cm 四方丁，青椒、紅辣椒切 1.2cm 片丁，蒜頭切末。
2. 大里肌肉丁加鹽 1/4t、胡椒粉 1/2t、糖 1/2t，以太白粉 1t 上漿後，入油鍋過油至熟後撈出，五香大豆乾、紅蘿蔔、青椒汆燙熟後撈出。
3. 蒜末爆香後加入調味料燒開，續加入大里肌肉丁、紅蘿蔔、青椒、紅辣椒、豆乾丁，拌炒均勻即可盛盤。

1 大里肌肉切四方丁，調味醃漬上漿

2 肉丁過油至熟撈出

3 紅蘿蔔丁、青椒片汆燙

4 豆乾丁汆燙

5 所有食材煮熟，撈出

6 辛香料爆香，調味料下鍋、肉丁下鍋

7 所有食材下鍋拌炒

8 食材拌炒均勻後盛盤

9 食材完成圖

301-7 題組 榨菜炒肉片、香酥杏鮑菇、三色豆腐羹

1. 菜名與食材切配依據

菜餚名稱	主要刀工	烹調法	主材料類別	材料組合	水花款式	盤飾款式
榨菜炒肉片	片	炒、爆炒	大里肌肉	榨菜、紅辣椒、蔥、薑、蒜頭、紅蘿蔔、大里肌肉	參考規格明細	參考規格明細
香酥杏鮑菇	片	炸、拌炒	杏鮑菇	杏鮑菇、蔥、蒜頭、紅辣椒		
三色豆腐羹	指甲片	羹	盒豆腐	乾香菇、盒豆腐、桶筍、紅蘿蔔、蔥、雞蛋		

2. 材料明細

名稱	規格描述	重量（數量）	備註
乾香菇	直徑4公分以上	1朵	可於洗鍋具時優先煮水浸泡於乾貨類切割
榨菜	體形完整無異味	1個	200克以上／個
桶筍	若為空心或軟爛不足需求量，應檢人可反應更換	1/2支	去除筍尖的實心淨肉至少100克，需縱切檢視才分發，烹調時需去酸味
盒豆腐	白色，盒形完整效期內	1/2盒	
紅辣椒	表面平整不皺縮不潰爛	2條	10克以上／條
蔥	新鮮飽滿	150克	
薑	長段無潰爛	40克	需可切片
杏鮑菇	形大結實飽滿	3支	100克以上／支
蒜頭	飽滿無發芽無潰爛	20克	
紅蘿蔔	表面平整不皺縮不潰爛	1條	300克以上／條，若為空心須再補發
小黃瓜	不可大彎曲鮮度足	1條	80克以上／條
大黃瓜	表面平整不皺縮不潰爛	1截	6公分長／截
大里肌肉	完整塊狀鮮度足可供橫紋切長絲	200克	
雞蛋	外形完整鮮度足	2個	

刀工作品規格卡

301-7 題組　榨菜炒肉片、香酥杏鮑菇、三色豆腐羹

1. 菜名與食材切配依據

菜餚名稱	主要刀工	烹調法	主材料類別	材料組合	水花款式	盤飾款式
榨菜炒肉片	片	炒、爆炒	大里肌肉	榨菜、紅辣椒、蔥、薑、蒜頭、紅蘿蔔、大里肌肉	參考規格明細	參考規格明細
香酥杏鮑菇	片	炸、拌炒	杏鮑菇	杏鮑菇、蔥、蒜頭、紅辣椒		
三色豆腐羹	指甲片	羹	盒豆腐	乾香菇、盒豆腐、桶筍、紅蘿蔔、蔥、雞蛋		

2. 第一階段繳交刀工作品規格（係取自菜名與食材切配依據表所示之切配成品，只需取出規格明細表所示之種類數量，每一種類的數量皆至少需有3/4量符合其規定尺寸，其餘作品留待烹調時適量取用）。

(1) 受評分刀工作品為榨菜片、筍指甲片、豆腐指甲片、蔥段、薑片、杏鮑菇片、紅辣椒末、里肌肉片、水花片兩款，以配菜盤分類盛裝受評，另加兩種盤飾以2只瓷盤盛裝擺設。

(2) 規格明細

材料	規格描述（長度單位：公分）	數量	備註
紅蘿蔔水花片兩款	自選1款及指定1款，指定款須參考下列指定圖（形狀大小需可搭配菜餚）厚薄度（0.3~0.4公分）	各6片以上	
配合材料擺出兩種盤飾	下列指定圖3選2	各1盤	
榨菜片	長4.0~6.0，寬2.0~4.0，高（厚）0.2~0.4	切完	
筍指甲片	長、寬各為1.0~1.5，高（厚）0.3以下	40克以上	
豆腐指甲片	長、寬各為1.0~1.5，高（厚）0.3以下	1/2盒全部切完	
蔥段	長3.0~5.0直段或斜段	10克以上	
薑片	長2.0~3.0，寬1.0~2.0，高（厚）0.2~0.4，可切菱形片	10克以上	
杏鮑菇片	長4.0~6.0，寬2.0~4.0，高（厚）0.4~0.6	大小片皆用、切完	
紅辣椒末	直徑0.3以下碎末	切完	
里肌肉片	長4.0~6.0，寬2.0~4.0，高（厚）0.4~0.6	切完	去筋膜

水花及盤飾參考：依指定圖完成，可受公評並獲得普遍認同之美感。

指定水花（擇一）	(1)	(2)	(3)
指定盤飾（擇二） (1) 大黃瓜、紅辣椒 (2) 大黃瓜、小黃瓜、紅辣椒 (3) 小黃瓜	(1)	(2)	(3)

(3) 無須繳驗部分：菜餚刀工之種類、取量與形狀，除了規格明細之數量外，還包括不須繳驗的部分，請務必依「菜名與食材切配依據」表之食材選用規定種類切配，配合題意之刀工規格切配出合宜的刀工形狀、數量與配色進行烹調。

301-7 題組 榨菜炒肉片、香酥杏鮑菇、三色豆腐羹

1. 菜名與食材切配依據

菜餚名稱	主要刀工	烹調法	主材料類別	材料組合	水花款式	盤飾款式
榨菜炒肉片	片	炒、爆炒	大里肌肉	榨菜、紅辣椒、蔥、薑、蒜頭、紅蘿蔔、大里肌肉	參考規格明細	參考規格明細
香酥杏鮑菇	片	炸、拌炒	杏鮑菇	杏鮑菇、蔥、蒜頭、紅辣椒		
三色豆腐羹	指甲片	羹	盒豆腐	乾香菇、盒豆腐、桶筍、紅蘿蔔、蔥、雞蛋		

2. 第二階段烹調說明：

請依題意及菜名與食材切配依據表需求自刀工切配作品中適量取用，加入之食材種類不得短少，否則依不符題意處理（即該道菜判定為60分以下），水花則依配色或烹調量需求，需有兩款但各款數量不一定要全加。

(1) 榨菜炒肉片

烹調規定	1. 肉片需調味上漿、汆燙或過油皆可 2. 以蔥段、薑片、蒜片、紅辣椒片爆香，加入水花片，以炒或爆炒之烹調法完成
烹調法	炒、爆炒
調味規定	以鹽、酒、糖、味精、胡椒粉、香油等自選合宜使用
備註	榨菜須泡水稍除鹹味，過鹹則扣分，規定材料不得短少

(2) 香酥杏鮑菇

烹調規定	杏鮑菇需上漿後再沾乾粉，炸至表層酥香，與三種辛香料、椒鹽炒香
烹調法	炸、拌炒
調味規定	麵粉、太白粉、鹽、泡達粉、胡椒粉、沙拉油、水等自選合宜使用
備註	杏鮑菇不得油軟，規定材料不得短少

(3) 三色豆腐羹

烹調規定	1. 以羹的方式供應，需加適量的蔥花 2. 需加入蛋白液成雪花片或細片狀
烹調法	羹
調味規定	以鹽、酒、烏醋、白醋、糖、味精、胡椒粉、香油、太白粉水等調味料自選合宜使用
備註	豆腐破碎不得超過1/3，規定材料不得短少

★ 榨菜炒肉片　　　★ 香酥杏鮑菇　　　★ 三色豆腐羹

成品圖

材料圖

指定水花（擇一）

指定盤飾（擇二）

榨菜炒肉片

🧄 **材料**

榨菜 200g、紅辣椒 1 條、蔥 50g、薑 20g、大里肌肉 200g、蒜頭 10g、紅蘿蔔 1/2 條

🧂 **調味料**

酒 1t、糖 1/2t、味精 1/2t、香油 1t、1/3 杯水

🧴 **醃料**

鹽 1/4t、胡椒粉 1/4t、酒 1t、香油 1t、太白粉 1t

重點提示 ★

炒

1. 榨菜去除外表再切片，口感會比較軟嫩爽口。
2. 肉片上漿後，加入少許油拌勻，汆燙或過油時，避免黏結成團。
3. 烹調時，動作快，時間短，火要旺。

※ 所有材料請依指定刀工切割完成

1. 大里肌肉切片加入鹽、胡椒粉、酒、香油，以太白粉上漿後，入鍋中汆燙至熟後撈出。紅蘿蔔水花片汆燙備用。

2. 紅辣椒、蒜、薑切片、蔥切段，榨菜切片泡水備用。

3. 鍋中入油將辛香料炒香後加入榨菜片炒香，再加入調味料和 1/3 杯水、紅蘿蔔水花片並加肉片快速拌炒均勻即可起鍋盛盤。

1 肉片加調味料醃漬

2 食材醃漬後上漿

3 水花片汆燙撈出瀝水

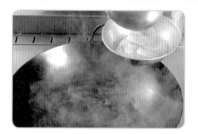

4 榨菜用熱水浸泡

5 肉片汆燙至熟撈出瀝水

6 調製調味料

7 鍋中入油將辛香料炒香

8 辛香料炒香後加入榨菜片炒香

9 榨菜片炒香後加入調味料、水、水花片和肉片快速拌炒均勻

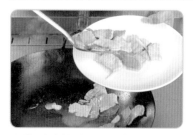

10 食材拌炒後盛盤

11 食材完成圖

香酥杏鮑菇

 材 料
杏鮑菇 100g、蔥 50g、蒜頭 10g、紅辣椒 1 條

調味料
椒鹽（鹽、花椒粉或胡椒粉，或是可加味精）

醃 料
鹽 1/6t、胡椒粉 1/4t、麵糊 1/2 杯

 重點提示 ★

拌 炒

1. 杏鮑菇切條狀後，不要泡水，因食材吸水量高，避免烹調時口感變差。
2. 炸杏鮑菇時，油溫要高，避免食材吸油。
3. 辛香料一定要炒香，再加入食材拌炒。

※ 所有材料請依指定刀工切割完成

1. 杏鮑菇切寬 2.5cm、長 5cm 長片，紅辣椒切末，蒜頭切末，蔥切蔥花。

2. 杏鮑菇醃入鹽、胡椒粉，上漿後拌入麵糊，再沾混合粉（地瓜粉、太白粉比例約 1:1），入油鍋炸酥呈金黃色後撈出備用。

3. 炒鍋燒熱熄火利用鍋中熱度將辛香料炒香後，加入食材和調味料拌炒均勻即可盛盤。

1 杏鮑菇片拌蛋汁或麵糊

2 杏鮑菇片沾乾粉

3 油鍋燒熱160度將杏鮑菇片入油鍋內炸

4 食材炸至外表酥脆呈金黃色撈出瀝油

5 乾鍋燒熱將辛香料炒香

6 食材在鍋中加入調味料後拌勻

7 食材拌勻後盛盤

8 食材完成圖

三色豆腐羹

材料

乾香菇 1 朵、盒裝豆腐半盒、桶筍 100g、紅蘿蔔 1/2 條、蔥 50g、雞蛋 2 個

調味料

鹽 1/2t、酒 1t、烏醋 1t、糖 1t、味精 1/2t、胡椒粉 1/2t、香油 1t、太白粉水 3t

重點提示 ★

羹

1. 豆腐切好後可用鹽水浸泡，烹調時較不易破損。
2. 勾完芡再加入豆腐烹煮，避免豆腐破損。
3. 淋入蛋汁後，必須待湯汁滾開後再攪拌，避免蛋花破損。

※ 所有材料請依指定刀工切割完成

1. 香菇泡軟後切指甲片，盒裝豆腐切指甲片泡水，桶筍、紅蘿蔔切指甲片，蔥切小斜段，雞蛋取蛋白、均勻打散備用。

2. 水鍋燒開，加入桶筍、紅蘿蔔，汆燙熟後撈出。豆腐用開水浸泡。

3. 高湯 1,000c.c. 燒開，加入調味料、香菇、桶筍、紅蘿蔔，再以太白粉水勾芡，續淋入蛋白，起鍋前再加入豆腐、蔥花即可盛盤。

1 豆腐片用開水浸泡

2 副材料汆燙撈出瀝水

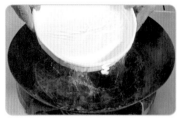

3 鍋中入高湯1,000c.c.

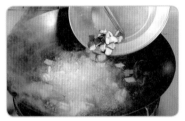

4 湯汁煮開加調味料並加入副材料

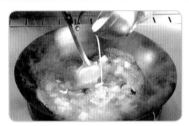

5 湯汁煮開用太白粉水勾芡成羹湯

6 羹湯加入蛋白成絲片狀

7 加入豆腐片煮開

8 羹湯完成後加入蔥花拌勻

9 食材完成後盛水盤

10 食材完成圖

 **材料清點卡**

301-8 題組 脆溜麻辣雞球、銀芽炒雙絲、素燴三色杏鮑菇

1. 菜名與食材切配依據

菜餚名稱	主要刀工	烹調法	主材料類別	材料組合	水花款式	盤飾款式
脆溜麻辣雞球	剞刀厚片	脆溜	雞胸肉	乾辣椒、花椒粒、小黃瓜、薑、蔥、蒜頭、雞胸肉		參考規格明細
銀芽炒雙絲	絲	炒、爆炒	綠豆芽	桶筍、青椒、綠豆芽、紅辣椒、薑、蒜頭		
素燴三色杏鮑菇	片	燴	杏鮑菇	桶筍、五香大豆乾、杏鮑菇、紅蘿蔔、小黃瓜、薑	參考規格明細	

2. 材料明細

名稱	規格描述	重量（數量）	備註
乾辣椒	條狀無霉味	8條	
桶筍	若為空心或軟爛不足需求量，應檢人可反應更換	1支	去除筍尖的實心淨肉至少200克，需縱切檢視才分發，烹調時需去酸味
五香大豆乾	完整塊狀鮮度足無酸味	1/2塊	厚度2.0公分以上
小黃瓜	不可大彎曲鮮度足	3條	80克以上／條
大黃瓜	表面平整不皺縮不潰爛	1截	6公分長／截
蔥	新鮮飽滿	50克	
薑	長段無潰爛	120克	需可切絲、片
蒜頭	飽滿無發芽無潰爛	20克	
青椒	表面平整不皺縮不潰爛	1/2個	120克以上／個
綠豆芽	新鮮不潰爛	200克	洗滌中或切割中去頭尾
紅辣椒	表面平整不皺縮不潰爛	1條	10克以上／條
杏鮑菇	形大結實飽滿	1支	100克以上／支
紅蘿蔔	表面平整不皺縮不潰爛	1條	300克以上／條，若為空心須再補發
雞胸肉	帶骨帶皮，鮮度足	1付	360克以上／付

刀工作品規格卡

301-8 題組 脆溜麻辣雞球、銀芽炒雙絲、素燴三色杏鮑菇

1. 菜名與食材切配依據

菜餚名稱	主要刀工	烹調法	主材料類別	材料組合	水花款式	盤飾款式
脆溜麻辣雞球	剞刀厚片	脆溜	雞胸肉	乾辣椒、花椒粒、小黃瓜、薑、蔥、蒜頭、雞胸肉		參考規格明細
銀芽炒雙絲	絲	炒、爆炒	綠豆芽	桶筍、青椒、綠豆芽、紅辣椒、薑、蒜頭		
素燴三色杏鮑菇	片	燴	杏鮑菇	桶筍、五香大豆乾、杏鮑菇、紅蘿蔔、小黃瓜、薑	參考規格明細	

2. 第一階段繳交刀工作品規格（係取自菜名與食材切配依據表所示之切配成品，只需取出規格明細表所示之種類數量，每一種類的數量皆至少需有3/4量符合其規定尺寸，其餘作品留待烹調時適量取用）。

(1) 受評分刀工作品為桶筍片、桶筍絲、蒜末、小黃瓜丁、蔥段、青椒絲、薑絲、杏鮑菇片、雞球、水花片兩款，以配菜盤分類盛裝受評，另加兩種盤飾以2只瓷盤盛裝擺設。

(2) 規格明細

材料	規格描述（長度單位：公分）	數量	備註
紅蘿蔔水花片兩款	自選1款及指定1款，指定款須參考下列指定圖（形狀大小需可搭配菜餚）厚薄度（0.3~0.4公分）	各6片以上	
配合材料擺出兩種盤飾	下列指定圖3選2	各1盤	
桶筍片	長4.0~6.0，寬2.0~4.0，高（厚）0.2~0.4，可切菱形片	10片以上	
桶筍絲	寬、高（厚）各為0.2~0.4，長4.0~6.0	50克以上	
蒜末	直徑0.3以下碎末	10克	
小黃瓜丁	長、寬、高（厚）各1.5~2.0，滾刀或菱形狀	50克以上	比雞球小
蔥段	長3.0~5.0直段或斜段	30克	麻辣雞球用
青椒絲	寬、高（厚）各為0.2~0.4，長4.0~6.0	切完	
薑絲	寬、高（厚）各為0.3以下，長4.0~6.0	10克	
杏鮑菇片	長4.0~6.0，寬2.0~4.0，高（厚）0.4~0.6	切完	弧形邊也用
雞球	剞切菊花花刀間隔為0.5~1.0	切完	

水花及盤飾參考：依指定圖完成，可受公評並獲得普遍認同之美感。

指定水花（擇一）	(1)	(2)	(3)
指定盤飾（擇二） (1) 大黃瓜、紅辣椒 (2) 大黃瓜、紅辣椒 (3) 小黃瓜	(1)	(2)	(3)

(3) 無須繳驗部分：菜餚刀工之種類、取量與形狀，除了規格明細之數量外，還包括不須繳驗的部分，請務必依「菜名與食材切配依據」表之食材選用規定種類切配，配合題意之刀工規格切配出合宜的刀工形狀、數量與配色進行烹調。

301-8 題組　脆溜麻辣雞球、銀芽炒雙絲、素燴三色杏鮑菇

1. 菜名與食材切配依據

菜餚名稱	主要刀工	烹調法	主材料類別	材料組合	水花款式	盤飾款式
脆溜麻辣雞球	剞刀厚片	脆溜	雞胸肉	乾辣椒、花椒粒、小黃瓜、薑、蔥、蒜頭、雞胸肉		參考規格明細
銀芽炒雙絲	絲	炒、爆炒	綠豆芽	桶筍、青椒、綠豆芽、紅辣椒、薑、蒜頭		
素燴三色杏鮑菇	片	燴	杏鮑菇	桶筍、五香大豆乾、杏鮑菇、紅蘿蔔、小黃瓜、薑	參考規格明細	

2. 第二階段烹調說明：

請依題意及菜名與食材切配依據表需求自刀工切配作品中適量取用，加入之食材種類不得短少，否則依不符題意處理（即該道菜判定為60分以下），水花則依配色或烹調量需求，需有兩款但各款數量不一定要全加。

(1) 脆溜麻辣雞球

烹調規定	1. 雞球需調味、沾乾粉炸酥而上色 2. 以花椒粒、蒜片、薑片、蔥段、乾辣椒爆香，配製脆溜汁，與所有材料做成脆溜菜
烹調法	脆溜
調味規定	以醬油、鹽、番茄醬、酒、糖、白醋、烏醋、味精、胡椒粉、香油、太白粉水等調味料自選合宜使用
備註	盤底無多餘醬汁或醬汁不可過多，規定材料不得短少

(2) 銀芽炒雙絲

烹調規定	以蒜末、薑絲爆香，以炒或爆炒法完成
烹調法	炒、爆炒
調味規定	以鹽、酒、糖、味精、胡椒粉、香油、太白粉水等調味料自選合宜使用
備註	規定材料不得短少

(3) 素燴三色杏鮑菇

烹調規定	以薑片爆香，合所有材料包含水花燴煮成菜
烹調法	燴
調味規定	以鹽、酒、糖、味精、胡椒粉、香油、太白粉水等調味料自選合宜使用
備註	需有燴汁，規定材料不得短少

301-8 題組

★ 脆溜麻辣雞球

★ 銀芽炒雙絲

★ 素燴三色杏鮑菇

指定水花（擇一）

指定盤飾（擇二）

脆溜麻辣雞球

 材 料
乾辣椒 8 條、花椒粒 3g、小黃瓜 2 條、蔥 50g、蒜頭 10g、雞胸肉 1 付、薑 40g

調味料
醬油 1t、鹽 1/2t、酒 1t、糖 1t、味精 1/2t、胡椒粉 1/2t、香油 1t、太白粉水 1/2t、水半杯

醃 料
醬油 1t、胡椒粉適量、鹽 1/6t、酒 1t、太白粉 1t

重點提示 ★

脆 溜

1. 雞球上漿後，必須沾滿乾粉，再入油鍋內炸，並且油溫要高，將食材炸到酥香再起鍋。
2. 炒乾辣椒、花椒時，要注意火候，避免食材燒焦。
3. 用包芡方式烹調此道菜餚，醬汁不能太多。

※ 所有材料請依指定刀工切割完成

1. 雞胸清肉切寬 2cm、長 3cm 格子剞刀法、小黃瓜切滾刀塊、蔥切小斜段、蒜頭切片、薑切菱形片。

2. 食材醃入胡椒粉、鹽、醬油、酒，上漿沾乾粉後入油鍋炸酥撈出；小黃瓜過油備用。

3. 餘油爆香花椒粒、乾辣椒炒香、續加入蔥蒜薑、調味料燒開，以太白粉水勾薄芡，加雞球、小黃瓜拌炒均勻，即可盛盤。

1 雞球加調味料醃漬上漿

2 雞球拌乾粉過程

3 拌好乾粉雞球形狀

4 調製調味料

5 油鍋燒熱160度將雞球炸熟起鍋前加入小黃瓜丁殺青

6 將食材撈出瀝油

7 鍋中入油將特殊材料和辛香料炒香

8 辛香料炒香後加入調味料和水

9 調味料煮開後加入雞球快速拌炒均勻盛盤

10 食材完成圖

銀芽炒雙絲

 材料

桶筍 50g、青椒 1/2 個、綠豆芽 200g、紅辣椒 1 條、薑 40g、蒜頭 10g

 調味料

鹽 1/2t、醬油 1/2t、糖 1t、味精 1/2t、胡椒粉 1/2t、香油 1t

重點提示 ★

炒

1. 綠豆芽一定要去頭尾,才是所謂「銀芽」。
2. 銀芽烹調時不要汆燙,避免影響口感。
3. 烹調時,動作快,時間短,火要旺。

※ 所有材料請依指定刀工切割完成
1. 桶筍切 0.3cm 絲、泡水後汆燙，青椒切 0.3cm 絲，辣椒、薑切絲備用。
2. 蒜末、辣椒絲、薑絲爆香後加入筍絲、調味料炒香，續加入銀芽炒香後，再加入青椒絲快速翻炒均勻，即可盛盤。

1 鍋中入水汆燙青椒絲

2 青椒絲汆燙撈出用冷水沖涼瀝乾

3 鍋中入水汆燙筍絲

4 調製調味料

5 鍋中入油將辛香料炒香

6 辛香料炒香加入筍絲炒香

7 筍絲炒香後加入銀芽並加調味料

8 銀芽炒熟後加入青椒絲快速拌炒均勻

9 食材完成後盛盤

素燴三色杏鮑菇

 材 料

桶筍 150g、五香大豆乾 1/2 塊、杏鮑菇 1 支、紅蘿蔔 1 條、小黃瓜 1 條、薑 40g

 調味料

鹽 1t、酒 1t、糖 1t、味精 1/2t、胡椒粉 1/2t、香油 1t、太白粉水 1t

 重點提示 ★

燴

1. 此道菜是素菜，所以辛香料不能用蒜、蔥。
2. 食材汆燙時，可加入少許食用油，增加食材光亮度。
3. 烹調時宜勾琉璃芡。

※ 所有材料請依指定刀工切割完成

1. 桶筍切長 4cm、寬 2cm 長片，杏鮑菇切片，小黃瓜切菱形片，五香大豆乾切片備用。
2. 桶筍、杏鮑菇片、紅蘿蔔水花、小黃瓜汆燙後，撈出備用。
3. 鍋中入油將薑片炒香後加入 2 量杯水燒開，加入調味料，續入所有食材再次燒開，用太白粉水勾薄芡。
4. 加入所有食材煮勻，淋上香油後即可盛盤。

1 杏鮑菇片汆燙

2 紅蘿蔔水花汆燙

3 所有食材下鍋汆燙

4 汆燙熟後撈出

5 水2量杯調味勾芡

6 依序加入食材

7 所有食材下鍋後拌勻，再淋上香油

8 素燴三色杏鮑菇盛盤

9 食材完成圖

301-9 題組 五香炸肉條、三色煎蛋、三色冬瓜捲

1. 菜名與食材切配依據

菜餚名稱	主要刀工	烹調法	主材料類別	材料組合	水花款式	盤飾款式
五香炸肉條	條	軟炸	大里肌肉	蔥、薑、蒜頭、大里肌肉		參考規格明細
三色煎蛋	片	煎	雞蛋	玉米粒、紅蘿蔔、四季豆、蔥、雞蛋		
三色冬瓜捲	絲、片	蒸	冬瓜	乾香菇、桶筍、冬瓜、紅蘿蔔、薑	參考規格明細	

2. 材料明細

名稱	規格描述	重量（數量）	備註
乾香菇	直徑4公分以上	3朵	可於洗鍋具時優先煮水浸泡於乾貨類切割
玉米粒	合格廠商效期內	40克	罐頭
桶筍	若為空心或軟爛不足需求量，應檢人可反應更換	1/2支	去除筍尖的實心淨肉至少100克，需縱切檢視才分發，烹調時需去酸味
蔥	新鮮飽滿	60克	
薑	長段無潰爛	60克	需可切絲、末
蒜頭	飽滿無發芽無潰爛	10克	
紅蘿蔔	表面平整不皺縮不潰爛	1條	300克以上／條，若為空心須再補發
紅辣椒	表面平整不皺縮不潰爛	1條	10克以上／條
小黃瓜	不可大彎曲鮮度足	1條	80克以上／條
大黃瓜	表面平整不皺縮不潰爛	1截	6公分長／截
四季豆	飽滿鮮度足	60克	長14公分以上／支
冬瓜	不可用頭尾，新鮮無潰爛，平整可供切長片	600克以上	寬6公分以上，長12公分以上
大里肌肉	完整塊狀鮮度足可供橫紋切條	200克	
雞蛋	外形完整鮮度足	5個	

301-9 題組　五香炸肉條、三色煎蛋、三色冬瓜捲

1. 菜名與食材切配依據

菜餚名稱	主要刀工	烹調法	主材料類別	材料組合	水花款式	盤飾款式
五香炸肉條	條	軟炸	大里肌肉	蔥、薑、蒜頭、大里肌肉		參考規格明細
三色煎蛋	片	煎	雞蛋	玉米粒、紅蘿蔔、四季豆、蔥、雞蛋		
三色冬瓜捲	絲、片	蒸	冬瓜	乾香菇、冬瓜、紅蘿蔔、桶筍、薑	參考規格明細	

2. **第一階段繳交刀工作品規格**（係取自菜名與食材切配依據表所示之切配成品，只需取出規格明細表所示之種類數量，每一種類的數量皆至少需有3/4量符合其規定尺寸，其餘作品留待烹調時適量取用）。

   (1) 受評分刀工作品為乾香菇絲、桶筍絲、紅蘿蔔絲、薑絲、蔥花、蒜末、紅蘿蔔指甲片、冬瓜長薄片、里肌肉條、水花片兩款，以配菜盤分類盛裝受評，另加兩種盤飾以2只瓷盤盛裝擺設。

   (2) 規格明細

材料	規格描述（長度單位：公分）	數量	備註
紅蘿蔔水花片兩款	自選1款及指定1款，指定款須參考下列指定圖（形狀大小需可搭配菜餚）厚薄度（0.3~0.4公分）	各6片以上	
配合材料擺出兩種盤飾	下列指定圖3選2	各1盤	
乾香菇絲	寬、高（厚）各為0.2~0.4，長依食材規格	切完	
桶筍絲	寬、高（厚）各為0.2~0.4，長4.0~6.0	20克以上	
紅蘿蔔絲	寬、高（厚）各為0.2~0.4，長4.0~6.0	20克以上	
薑絲	寬、高（厚）各為0.3以下，長4.0~6.0	10克以上	
蔥花	長、寬、高（厚）各為0.2~0.4	10克以上	醃肉用
蒜末	直徑0.3以下碎末	5克以上	醃肉用
紅蘿蔔指甲片	長、寬度各為1.0~1.5，高（厚）0.3以下	20克以上	
冬瓜長薄片	長12.0以上，寬4.0以上，高（厚）0.3以下	6片以上	
里肌肉條	寬、高（厚）各為0.8~1.2，長4.0~6.0	切完	去筋膜

水花及盤飾參考：依指定圖完成，可受公評並獲得普遍認同之美感。

指定水花（擇一）	(1)	(2)	(3)
指定盤飾（擇二） (1) 大黃瓜 (2) 大黃瓜、小黃瓜、紅辣椒 (3) 小黃瓜、紅辣椒	(1)	(2)	(3)

   (3) 無須繳驗部分：菜餚刀工之種類、取量與形狀，除了規格明細之數量外，還包括不須繳驗的部分，請務必依「菜名與食材切配依據」表之食材選用規定種類切配，配合題意之刀工規格切配出合宜的刀工形狀、數量與配色進行烹調。

301-9 題組　五香炸肉條、三色煎蛋、三色冬瓜捲

1. 菜名與食材切配依據

菜餚名稱	主要刀工	烹調法	主材料類別	材料組合	水花款式	盤飾款式
五香炸肉條	條	軟炸	大里肌肉	蔥、薑、蒜頭、大里肌肉		參考規格明細
三色煎蛋	片	煎	雞蛋	玉米粒、紅蘿蔔、四季豆、蔥、雞蛋		
三色冬瓜捲	絲、片	蒸	冬瓜	乾香菇、冬瓜、紅蘿蔔、桶筍、薑	參考規格明細	

2. 第二階段烹調說明：

請依題意及菜名與食材切配依據表需求自刀工切配作品中適量取用，加入之食材種類不得短少，否則依不符題意處理（即該道菜判定為60分以下），水花則依配色或烹調量需求，需有兩款但各款數量不一定要全加。

(1) 五香炸肉條

烹調規定	1. 肉條以蔥末、薑末、蒜末、五香粉調味 2. 沾麵糊炸至香酥上色且熟
烹調法	軟炸
調味規定	以麵粉、太白粉、泡達粉、沙拉油、醬油、糖、味精、胡椒粉、五香粉、香油等調味料自選合宜使用
備註	不可焦黑，規定材料不得短少

(2) 三色煎蛋

烹調規定	1. 所有材料煎成一大圓片，熟而金黃上色 2. 須用4個雞蛋，加蔥花，只能煎成一大圓片，改刀為6片
烹調法	煎
調味規定	以鹽、味精、胡椒粉、香油等調味料自選合宜使用
備註	1. 全熟，可焦黃但不焦黑 2. 須以熟食砧板刀具做熟食切割，規定材料不得短少

(3) 三色冬瓜捲

烹調規定	1. 冬瓜片燙軟後，以三種材料及薑絲取適量捲成一捲 2. 冬瓜捲須蒸透，最後以水晶芡淋之，以適量的水花入菜
烹調法	蒸
調味規定	以鹽、酒、糖、味精、胡椒粉、香油、太白粉水等料自選合宜使用
備註	1. 冬瓜捲需緊實，亦可自選材料綑綁，水晶芡不得濃稠似琉璃芡 2. 規定材料不得短少

301-9 題組

★ 五香炸肉條　　　　★ 三色煎蛋　　　　★ 三色冬瓜捲

指定水花（擇一）

指定盤飾（擇二）

五香炸肉條

材料
蔥 20g、蒜頭 10g、薑 10g、大里肌肉 200g

醃料
鹽 1/4t、白胡椒粉 1/3t、味精 1/2t、酒 1t、五香粉 1t、糖 2t、香油 1t

麵糊
麵粉 1 杯、太白粉 1/3 杯、雞蛋 1 顆、沙拉油 100c.c.、泡達粉 1/2t、水 0.6~0.8 杯

重點提示 ★

軟炸
1. 食材醃漬時間要夠才不會影響口感。
2. 麵糊靜置時間要夠才會產生功效。
3. 食材在油鍋內炸時，要不停翻動，這樣食材色澤才會一致。

※ 所有材料請依指定刀工切割完成
1. 蒜薑切末、蔥切蔥花備用。
2. 大里肌肉切條加入醃料和作法 1 拌勻靜置 30 分鐘。
3. 麵糊調製完成靜置 10 分鐘。
4. 油鍋燒熱 170 度,將作法 2 沾麵糊入油鍋內炸,炸至食材熟透酥脆呈金黃色撈出瀝油擺盤即可。

1 肉條加醃料

2 肉條加醃料後並加入辛香料

3 食材拌勻過程

4 麵粉 1 杯、太白粉 1/3杯、雞蛋 1 顆、沙拉油100c.c.、泡達粉1/2t

5 麵糊調製過程

6 麵糊加水0.6~0.8杯調製至麵糊完成

7 油鍋燒熱170度將肉條沾麵糊入油鍋內炸

8 炸肉條過程用筷子攪動食材,讓食材色澤均勻

9 肉條炸熟外表酥脆呈金黃色撈出瀝油

10 食材完成圖

三色煎蛋

材料
玉米粒 40g、紅蘿蔔 1/2 條、四季豆 60g、蔥 30g、雞蛋 4 個

調味料
鹽 1/4t、味精 1/2t、胡椒粉 1/2t、香油 1t、太白粉 1t

重點提示 ★

煎
1. 紅蘿蔔、四季豆、玉米粒、蔥花一定要先炒香。
2. 煎蛋時,炒鍋記得燒熱,並且油不要太多。
3. 烹調時,注意火候,避免食材燒焦。

※ 所有材料請依指定刀工切割完成
1. 雞蛋洗淨，三段式打蛋法備妥，加入燙熟的指甲片狀紅蘿蔔、四季豆及玉米粒。
2. 加入食材、調味料，拌勻煎至金黃色後，翻面煎至熟透，起鍋在熟食砧板上切成
   6 片，擺盤即可。

1 汆燙食材

2 三段式打蛋法

3 加入食材、調味料拌勻

4 煎蛋

5 在鍋內攪拌

6 煎熟上色

7 切割成6片

8 盛盤

9 食材完成圖

三色冬瓜捲

 材料

乾香菇 3 朵、紅蘿蔔 1/2 條、薑 60g、桶筍 100g、冬瓜 600g

 醃料

味精 1t、鹽 1/6t、胡椒粉 1/4t、香油 1t、太白粉 1t

 調味料

高湯 1 杯、味精 1/2t、鹽 1/6t、香油 1t、太白粉水 1t

重點提示

捲 蒸

1. 冬瓜捲包好後兩邊可切割整齊，這樣食材會比較漂亮。
2. 芡汁做好後加入香油拌勻再淋食材會比較光亮。

162

※ 所有材料請依指定刀工切割完成

1. 香菇泡軟切絲、薑切絲備用。
2. 紅蘿蔔、桶筍切絲汆燙備用。
3. 冬瓜去皮切長 15×6×0.2cm 汆燙沖涼瀝乾備用。
4. 作法 1、2 加入醃料拌勻。
5. 作法 3 包作法 4 成圓形長條狀後，擺入瓷盤並用汆燙過的水花片當盤飾後，移入蒸籠水開蒸 8 分鐘取出。
6. 鍋中入高湯 1 杯加調味料煮開，用太白水勾琉璃芡淋在作法 5 上即可。

1 紅蘿蔔絲汆燙撈出瀝水

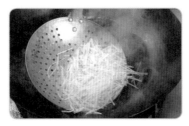

2 筍絲汆燙撈出瀝水

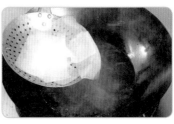

3 冬瓜片汆燙撈出用冷水沖涼瀝乾

4 餡料加調味料和1t太白粉拌勻

5 冬瓜片包餡料動作1

6 冬瓜片包餡料動作2

7 將包好冬瓜捲擺入瓷盤內

8 冬瓜捲中間擺入汆燙過的水花片

9 蒸籠水開將冬瓜捲移入蒸籠用中大火蒸8分鐘

10 鍋中入1杯高湯煮開加調味料並用太白粉水勾琉璃芡

11 將芡汁淋在蒸好的冬瓜捲上

12 食材完成圖

材料清點卡

301-10 題組 涼拌豆乾雞絲、辣豉椒炒肉丁、醬燒筍塊

1. 菜名與食材切配依據

菜餚 名稱	主要 刀工	烹調法	主材料 類別	材料組合	水花 款式	盤飾 款式
涼拌豆乾雞絲	絲	涼拌	大豆乾 雞胸肉	五香大豆乾、小黃瓜、紅蘿蔔、紅辣椒、蔥、薑、雞胸肉		參考規格 明細
辣豉椒炒肉丁	丁	炒、爆炒	大里肌肉	豆豉、辣椒醬、青椒、紅辣椒、蒜頭、大里肌肉		
醬燒筍塊	滾刀塊	紅燒	桶筍	冬瓜醬、黃豆醬、桶筍、紅蘿蔔、蔥、薑、蒜頭	參考規 格明細	

2. 材料明細

名稱	規格描述	重量（數量）	備註
五香大豆乾	完整塊狀鮮度足無酸味	1塊	厚度2.0公分以上
桶筍	若為空心或軟爛不足需求量，應檢人可反應更換	1.5支	去除筍尖的實心淨肉至少300克，需縱切檢視才分發，烹調時需去酸味
青椒	表面平整不皺縮不潰爛	1個	120克以上／個
紅蘿蔔	表面平整不皺縮不潰爛	1條	300克以上／條，若為空心須再補發
紅辣椒	表面平整不皺縮不潰爛	2條	10克以上／條
蔥	新鮮飽滿	100克	
蒜頭	飽滿無發芽無潰爛	20克	
薑	長段無潰爛	100克	不宜細條，需可供切絲、水花片
小黃瓜	不可大彎曲鮮度足	2條	80克以上／條
大黃瓜	表面平整不皺縮不潰爛	1截	6公分長／截
大里肌肉	完整塊狀鮮度足	200克	
雞胸肉	帶骨帶皮，鮮度足	1/2付	360克以上／付

301-10 題組 涼拌豆乾雞絲、辣豉椒炒肉丁、醬燒筍塊

1. 菜名與食材切配依據

菜餚名稱	主要刀工	烹調法	主材料類別	材料組合	水花款式	盤飾款式
涼拌豆乾雞絲	絲	涼拌	大豆乾雞胸肉	五香大豆乾、小黃瓜、紅蘿蔔、紅辣椒、蔥、薑、雞胸肉		參考規格明細
辣豉椒炒肉丁	丁	炒、爆炒	大里肌肉	豆豉、辣椒醬、青椒、紅辣椒、蒜頭、大里肌肉		
醬燒筍塊	滾刀塊	紅燒	桶筍	冬瓜醬、黃豆醬、桶筍、紅蘿蔔、蔥、薑、蒜頭	參考規格明細	

2. 第一階段繳交刀工作品規格（係取自菜名與食材切配依據表所示之切配成品，只需取出規格明細表所示之種類數量，每一種類的數量皆至少需有3/4量符合其規定尺寸，其餘作品留待烹調時適量取用）。

(1) 受評分刀工作品為筍塊、五香大豆乾絲、小黃瓜絲、青椒丁、紅蘿蔔絲、薑絲、蔥段、里肌肉丁、雞絲、水花片兩款，以配菜盤分類盛裝受評，另加兩種盤飾以2只瓷盤盛裝擺設。

(2) 規格明細

材料	規格描述（長度單位：公分）	數量	備註
紅蘿蔔水花片	指定1款，指定款須參考下列指定圖（形狀大小需可搭配菜餚）厚薄度（0.3~0.4公分）	6片以上	
薑水花片	自選1款厚薄度（0.3~0.4公分）	6片以上	
配合材料擺出兩種盤飾	下列指定圖3選2	各1盤	
筍塊	邊長2.0~4.0的滾刀塊	切完	
五香大豆乾絲	寬、高（厚）各為0.2~0.4，長4.0~6.0	切完	
小黃瓜絲	寬、高（厚）各為0.2~0.4，長4.0~6.0	1條切完	
青椒丁	長、寬各0.8~1.2，高（厚）依食材規格	切完	
紅蘿蔔絲	寬、高（厚）各為0.2~0.4，長4.0~6.0	30克以上	
薑絲	寬、高（厚）各為0.3以下，長4.0~6.0	10克	
蔥段	長3.0~5.0直段或斜段	20克	
里肌肉丁	長、寬、高（厚）各0.8~1.2	切完	去筋膜
雞絲	寬、高（厚）各為0.2~0.4，長4.0~6.0	切完	

水花及盤飾參考：依指定圖完成，可受公評並獲得普遍認同之美感。

指定水花（擇一）	(1)	(2)	(3)
指定盤飾（擇二） (1) 大黃瓜、紅辣椒 (2) 大黃瓜、紅辣椒 (3) 小黃瓜	(1)	(2)	(3)

(3) 無須繳驗部分：菜餚刀工之種類、取量與形狀，除了規格明細之數量外，還包括不須繳驗的部分，請務必依「菜名與食材切配依據」表之食材選用規定種類切配，配合題意之刀工規格切配出合宜的刀工形狀、數量與配色進行烹調。

301-10 題組 涼拌豆乾雞絲、辣豉椒炒肉丁、醬燒筍塊

1. 菜名與食材切配依據

菜餚名稱	主要刀工	烹調法	主材料類別	材料組合	水花款式	盤飾款式
涼拌豆乾雞絲	絲	涼拌	大豆乾 雞胸肉	五香大豆乾、小黃瓜、紅蘿蔔、紅辣椒、蔥、薑、雞胸肉		參考規格明細
辣豉椒炒肉丁	丁	炒、爆炒	大里肌肉	豆豉、辣椒醬、青椒、紅辣椒、蒜頭、大里肌肉		
醬燒筍塊	滾刀塊	紅燒	桶筍	冬瓜醬、黃豆醬、桶筍、紅蘿蔔、蔥、薑、蒜頭	參考規格明細	

2. 第二階段烹調說明：

請依題意及菜名與食材切配依據表需求自刀工切配作品中適量取用，加入之食材種類不得短少，否則依不符題意處理（即該道菜判定為60分以下），水花則依配色或烹調量需求，需有兩款但各款數量不一定要全加。

(1) 涼拌豆乾雞絲

烹調規定	肉絲需調味上漿汆燙，調味拌合放涼即可
烹調法	涼拌
調味規定	以鹽、白醋、烏醋、糖、味精、胡椒粉、香油等調味料自選合宜使用
備註	需遵守操作衛生，規定材料不得短少

(2) 辣豉椒炒肉丁

烹調規定	1. 肉丁需調味上漿、汆燙或過油皆可 2. 以蒜末、紅辣椒丁爆香，以炒或爆炒等烹調法完成
烹調法	炒、爆炒
調味規定	以辣椒醬、豆豉、醬油、鹽、酒、糖、味精、胡椒粉、香油、太白粉水等調味料自選合宜使用
備註	不可嚴重出油，規定材料不得短少

(3) 醬燒筍塊

烹調規定	1. 筍塊去酸味，上醬油炸成琥珀色 2. 以蒜片、蔥白段、薑水花爆香，冬瓜醬、黃豆醬、含紅蘿蔔水花片燒上色並加蔥段配色，少許淡芡收汁即可
烹調法	紅燒
調味規定	以冬瓜醬、黃豆醬、醬油、鹽、酒、糖、味精、胡椒粉、香油、太白粉水等調味料自選合宜使用
備註	筍必須先去酸味，需有燒汁且不得濃縮出油，規定材料不得短少

～ 301-10 題組 ～

★ 涼拌豆乾雞絲　　★ 辣豉椒炒肉丁　　★ 醬燒筍塊

指定水花（擇一）

指定盤飾（擇二）

涼拌豆乾雞絲

 材料

五香大豆乾 1 塊、小黃瓜 2 條、紅蘿蔔 1/2 條、
紅辣椒 1 條、蔥 50g、薑 25g、雞胸肉 1/2 付

 調味料

鹽 1/2t、味精 1/2t、香油 1t

 醃 料

鹽 1/4t、味精 1/2t、香油 2t、酒 1t、太白粉 1t

重點提示 ★

涼 拌

1. 雞絲上漿後,加入少許油拌勻,汆燙或過油時,避免黏結成團。
2. 其他食材汆燙後記得用礦泉水泡涼,不得用生水。
3. 烹調時要注意衛生。

※ 所有材料請依指定刀工切割完成
1. 雞胸肉去皮、切絲、上漿。
2. 紅蘿蔔切絲，小黃瓜、蔥、薑、紅辣椒、豆乾全部切絲。
3. 將所有材料燙熟，泡礦泉水後濾乾水分。
4. 濾乾水分後加入調味料拌勻，盛盤即可。

1 雞絲醃入調味後拌勻

2 調味拌勻後加入太白粉，再次拌勻

3 汆燙配菜食材

4 撈出配菜瀝乾

5 汆燙雞絲至熟撈出

6 撈出雞絲泡入礦泉水

7 泡冷後撈出

8 瀝乾水分，加調味料拌勻、盛盤

9 食材完成圖

辣豉椒炒肉丁

材料

豆豉 15g、辣椒醬 20g、青椒 1 個、紅辣椒 1
條、蒜頭 10g、大里肌肉 200g

調味料

辣椒醬 1t、酒 1t、糖 1t、味精 1/2t、水半杯、
香油 1t、太白粉 1t

醃料

鹽 1/4t、味精 1/2t、太白粉 1t、香油 1t、酒 1t

重點提示 ★

炒
1. 肉丁上漿後，加入少許油拌勻，汆燙或過油時，避免黏結成團。
2. 豆豉需用小火炒香。
3. 烹調時，動作快，時間短，火要旺，並且油不能太多。

170

※ 所有材料請依指定刀工切割完成
1. 大里肌肉切丁醃漬上漿。
2. 青椒、紅辣椒切丁，蒜頭切末（蒜頭不受評，切片切末皆可）。
3. 將所有食材過油或汆燙至熟，蒜頭、紅辣椒爆香加入調味料，續入所有食材下鍋
   拌炒後，即可盛鍋。

1 肉丁加入醃料調味上漿

2 上漿拌勻

3 將肉丁沾乾粉過油炸熟

4 撈出瀝油

5 爆香辛香料

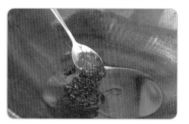
6 爆香豆鼓和辣椒醬

7 炒開調味料

8 加入所有材料拌炒均勻

9 盛盤

10 食材完成圖

醬燒筍塊

材料

桶筍 1 支、紅蘿蔔 1/2 條、薑 50g、蔥 50g、
蒜頭 10g、冬瓜醬 2t、黃豆醬 1t

調味料

酒 1t、糖 1t、味精 1t、香油 1t、太白粉水 1t

重點提示
★

紅燒

1. 加工筍酸味重，所以汆燙時間要拉長。
2. 材料切割時，刀工要一致。
3. 烹調時要有燒汁，並且不得濃縮出油。

※ 所有材料請依指定刀工切割完成
1. 桶筍切滾刀塊、紅蘿蔔切水花片，皆汆燙至熟備用。筍塊加 1t 醬油著色入油鍋內炸上色備用。
2. 鍋內加入少許沙拉油爆香蒜片，加入 1.5 杯水後續入調味料。
3. 將筍塊、薑水花片及紅蘿蔔片加入鍋內燜煮至湯汁剩一半加入蔥段，續煮至湯汁剩 1/3 即可。

1 水花片汆燙撈出瀝水

2 筍塊汆燙撈出瀝乾

3 筍塊加1t醬油拌勻著色

4 油鍋燒熱170度將筍塊入油鍋內炸

5 筍塊炸上色撈出瀝油

6 調製調味料，並加入冬瓜醬和黃豆醬

7 鍋中入油將蒜片炒香並加入1.5杯水和調味料

8 湯汁煮開加入筍塊

9 燜煮筍塊加入薑水花片

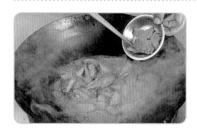

10 燜煮過程加入紅蘿蔔水花片

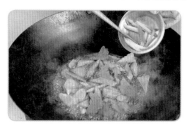

11 燜煮過程加入蔥段後，湯汁收至剩1/3起鍋盛盤

12 食材完成圖

301-11 題組 燴咖哩雞片、酸菜炒肉絲、三絲淋蛋餃

1. 菜名與食材切配依據

菜餚名稱	主要刀工	烹調法	主材料類別	材料組合	水花款式	盤飾款式
燴咖哩雞片	片	燴	雞胸肉	咖哩粉、椰漿、洋蔥、青椒、紅蘿蔔、雞胸肉	參考規格明細	參考規格明細
酸菜炒肉絲	絲	炒、爆炒	大里肌肉、酸菜	酸菜、蒜頭、蔥、薑、紅辣椒、大里肌肉		
三絲淋蛋餃	絲	淋溜	雞蛋	乾木耳、蝦米、桶筍、紅蘿蔔、蔥、薑、絞肉、雞蛋		

2. 材料明細

名稱	規格描述	重量（數量）	備註
乾木耳	大片無長黴，漲發後可供切5公分以上的絲	1大片	5克／大片，可於洗鍋具時優先煮水浸泡於乾貨類切割，泡開後需足夠切出8克的絲
蝦米	紮實無異味	2克	約4-5隻
桶筍	若為空心或軟爛不足需求量，應檢人可反應更換	1/2支	去除筍尖的實心淨肉至少100克，需縱切檢視才分發
酸菜心	不得軟爛	180克	切絲用
洋蔥	飽滿無潰爛無黑心	1/4個	250克以上／個
青椒	表面平整不皺縮不潰爛	1/2個	120克以上／個
紅蘿蔔	表面平整不皺縮不潰爛	1條	300克以上／條，若為空心須再補發
蔥	新鮮飽滿	100克	
薑	長段無潰爛	80克	需可切絲、末
蒜頭	飽滿無發芽無潰爛	10克	
紅辣椒	表面平整不皺縮不潰爛	1條	10克以上／條
大黃瓜	表面平整不皺縮不潰爛	1截	6公分長／截
豬絞肉	鮮度足無異味	80克	
大里肌肉	完整塊狀鮮度足可供橫紋切長絲	160克	
雞胸肉	帶骨帶皮，鮮度足	1/2付	360克以上／付
雞蛋	外形完整鮮度足	4個	

刀工作品規格卡

301-11 題組　燴咖哩雞片、酸菜炒肉絲、三絲淋蛋餃

1. **菜名與食材切配依據**

菜餚名稱	主要刀工	烹調法	主材料類別	材料組合	水花款式	盤飾款式
燴咖哩雞片	片	燴	雞胸肉	咖哩粉、椰漿、洋蔥、青椒、紅蘿蔔、雞胸肉	參考規格明細	參考規格明細
酸菜炒肉絲	絲	炒、爆炒	大里肌肉、酸菜	酸菜、蒜頭、蔥、薑、紅辣椒、大里肌肉		
三絲淋蛋餃	絲	淋溜	雞蛋	乾木耳、蝦米、桶筍、紅蘿蔔、蔥、薑、絞肉、雞蛋		

2. **第一階段繳交刀工作品規格**（係取自菜名與食材切配依據表所示之切配成品，只需取出規格明細表所示之種類數量，每一種類的數量皆至少需有3/4量符合其規定尺寸，其餘作品留待烹調時適量取用）。

   (1) 受評分刀工作品為木耳絲、筍絲、酸菜絲、青椒片、紅蘿蔔絲、紅辣椒絲、蔥段、蔥絲、里肌肉絲、雞片、水花片兩款，以配菜盤分類盛裝受評，另加兩種盤飾以2只瓷盤盛裝擺設。

   (2) 規格明細

材料	規格描述（長度單位：公分）	數量	備註
紅蘿蔔水花片兩款	自選1款及指定1款，指定款須參考下列指定圖（形狀大小需可搭配菜餚）厚薄度（0.3~0.4公分）	各6片以上	
配合材料擺出兩種盤飾	下列指定圖3選2	各1盤	
木耳絲	寬0.2~0.4，長4.0~6.0，高（厚）依食材規格	8克以上	
筍絲	寬、高（厚）各為0.2~0.4，長4.0~6.0	30克以上	
酸菜絲	寬、高（厚）各為0.2~0.4，長4.0~6.0	切完	
青椒片	長3.0~5.0，寬2.0~4.0，高（厚）依食材規格，可切菱形片	切完	
紅蘿蔔絲	寬、高（厚）各為0.2~0.4，長4.0~6.0	20克以上	
蔥段	長3.0~5.0直段或斜段	10克以上	
蔥絲	寬、高（厚）各為0.3以下，長4.0~6.0	5克以上	蛋餃用
里肌肉絲	寬、高（厚）各為0.2~0.4，長4.0~6.0	切完	去筋膜
雞片	長4.0~6.0，寬2.0~4.0，高（厚）0.4~0.6	切完	

   水花及盤飾參考：依指定圖完成，可受公評並獲得普遍認同之美感。

指定水花（擇一）	(1) (2) (3)
指定盤飾（擇二） (1) 大黃瓜、紅辣椒 (2) 大黃瓜 (3) 大黃瓜、紅辣椒	(1) (2) (3)

   (3) 無須繳驗部分：菜餚刀工之種類、取量與形狀，除了規格明細之數量外，還包括不須繳驗的部分，請務必依「菜名與食材切配依據」表之食材選用規定種類切配，配合題意之刀工規格切配出合宜的刀工形狀、數量與配色進行烹調。

175

301-11 題組　燴咖哩雞片、酸菜炒肉絲、三絲淋蛋餃

1. 菜名與食材切配依據

菜餚名稱	主要刀工	烹調法	主材料類別	材料組合	水花款式	盤飾款式
燴咖哩雞片	片	燴	雞胸肉	咖哩粉、椰漿、洋蔥、青椒、紅蘿蔔、雞胸肉	參考規格明細	參考規格明細
酸菜炒肉絲	絲	炒、爆炒	大里肌肉、酸菜	酸菜、蒜頭、蔥、薑、紅辣椒、大里肌肉		
三絲淋蛋餃	絲	淋溜	雞蛋	乾木耳、蝦米、桶筍、紅蘿蔔、蔥、薑、絞肉、雞蛋		

2. 第二階段烹調說明：

請依題意及菜名與食材切配依據表需求自刀工切配作品中適量取用，加入之食材種類不得短少，否則依不符題意處理（即該道菜判定為60分以下），水花則依配色或烹調量需求，需有兩款但各款數量不一定要全加。

(1) 燴咖哩雞片

烹調規定	1. 雞片需調味上漿、汆燙或過油皆可 2. 洋蔥片為爆香配料，以咖哩粉、水花、所有材料烹調完成
烹調法	燴
調味規定	以鹽、酒、糖、味精、咖哩粉、椰漿、香油、太白粉水等調味料自選合宜使用
備註	需有燴汁，不得嚴重濃稠出油，規定材料不得短少

(2) 酸菜炒肉絲

烹調規定	1. 肉絲需調味上漿、汆燙或過油皆可 2. 以蒜末、蔥段爆香，加入肉絲、酸菜絲及配料完成烹調
烹調法	炒、爆炒
調味規定	以鹽、酒、糖、味精、胡椒粉、香油、太白粉水等調味料自選合宜使用
備註	酸菜需稍去酸鹹味，不得嚴重出油，規定材料不得短少

(3) 三絲淋蛋餃

烹調規定	1. 豬絞肉加蝦米、蔥末、薑末調味拌合成餡，做蛋餃6個（含）以上 2. 三絲加蔥絲入汁成稍稀的琉璃芡，淋於蛋餃上
烹調法	淋溜
調味規定	以鹽、酒、糖、味精、胡椒粉、香油、太白粉水等調味料自選合宜使用
備註	蛋餃需呈荷包狀即半圓狀，需有適當的餡量，規定材料不得短少

～ 301-11 題組 ～

★ 燴咖哩雞片　　　★ 酸菜炒肉絲　　　★ 三絲淋蛋餃

指定水花（擇一）

指定盤飾（擇二）

燴咖哩雞片

🧄 材料

咖哩粉、椰漿 50c.c.、洋蔥 1/4 個、青椒 1/2
個、紅蘿蔔 1/2 條、雞胸肉 1/2 付

🧂 調味料

鹽 1/4t、酒 1t、糖 1t、味精 1/2t、咖哩粉 2t、
椰漿 50c.c.、香油 2t、太白粉 2t、水 1 杯

🫙 醃料

鹽 1/4t、酒 1t、味精 1/2t、太白粉 2t、香油 2t

重點提示 ★

燴

1. 雞肉切片時，必須一片成形，避免食材破損。
2. 肉片上漿後加入少許油，汆燙或過油時，避免食材黏結成團。
3. 咖哩和椰漿不要太早加入，避免湯汁變黑。

※ 所有材料請依指定刀工切割完成
1. 雞胸肉切片醃漬上漿，過油或汆燙備用。
2. 青椒切片，紅蘿蔔切水花片汆燙沖涼瀝乾。洋蔥切菱形片。
3. 鍋中入油爆香洋蔥，並加入 1 杯水和調味料，將作法 1、2 入鍋中燴煮後入咖哩粉和椰漿，起鍋前加入青椒片拌勻即可盛盤。

1 雞片加調味料醃漬後上漿

2 雞片拌勻備用

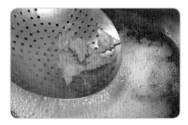

3 鍋中入水汆燙水花片

4 鍋中入水汆燙青椒片

5 鍋中入水汆燙雞肉片

6 調製咖哩粉和椰漿（咖哩粉2t、椰漿50c.c.、水半杯）

7 爆香洋蔥後加水和調味料

8 湯汁滾開加入食材

9 食材入鍋拌炒過程

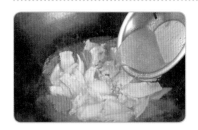

10 食材燴煮中加入咖哩粉和椰漿

11 食材起鍋前加入青椒片拌勻即可盛盤

12 食材完成圖

酸菜炒肉絲

 材料
酸菜 180g、蒜頭 10g、蔥 50g、薑 40g、紅辣椒 1 條、大里肌肉 160g

 調味料
酒 1t、糖 1t、味精 1/2t、胡椒粉 1/2t、香油 2t、太白粉 2t

 醃料
鹽 1/4t、味精 1/2t、胡椒粉 1/2t、太白粉 2t

重點提示 ★

 炒
1. 酸菜切好後泡水，不要汆燙，避免食材香氣跑掉。
2. 肉絲上漿後加入少許油拌勻，汆燙或過油時避免食材黏結成團。
3. 烹調時，動作快，時間短，火要旺，並且不得嚴重出油。

※ 所有材料請依指定刀工切割完成

1. 大里肌肉切絲醃漬上漿，酸菜切絲洗淨泡水不汆燙，一同過油或汆燙至熟備用。
2. 蒜切末，蔥切段，薑、紅辣椒切絲。
3. 炒鍋加入少許沙拉油爆香蒜末、薑、蔥、紅辣椒、酸菜絲，加入高湯 100c.c. 後加入調味料，再加入作法 1 的食材拌炒均勻，即可起鍋。

1 肉絲調味，醃漬上漿

2 肉絲，汆燙至熟撈起

3 鍋中入油將辛香料炒香

4 辛香料炒香後加入酸菜炒香

5 酸菜炒香後加入調味料

6 加入調味料後將食材拌炒均勻

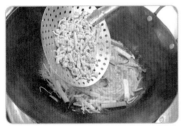
7 食材拌炒均勻後加入肉絲

8 肉絲入鍋後快速拌炒均勻

9 食材拌炒均勻後盛盤

10 食材完成圖

三絲淋蛋餃

🧄 **材料**

乾木耳 1 大片、蝦米 2g、桶筍 1/2 支、紅蘿蔔 1/2 條、蔥 50g、薑 40g、絞肉 80g、雞蛋 3 個

🧂 **調味料**

鹽 1/4t、味精 1/2t、香油 1t、香油 1t、太白粉水 1t

🍶 **醃料**

糖 1/6 杯、味精 1/4t、胡椒粉 1/6t、香油 1t、醬油 1/4t、太白粉 1/4t

重點提示 ★

淋 溜

1. 蛋汁和餡料可事先分成 6 等分。
2. 煎蛋餃時，炒鍋燒熱，用紙巾沾油擦拭，鍋中不能有油滴。
3. 勾琉璃芡汁，並且加入少許香油，可增加食材光亮度。

※ 所有材料請依指定刀工切割完成

1. 乾木耳泡水 20 分鐘後切絲，桶筍、紅蘿蔔切絲，燙熟備用，蔥切絲備用。
2. 蔥、薑、蝦米（洗淨）切末後，拌入豬絞肉，加入醃料拌勻成肉餡備用。
3. 雞蛋打成蛋液下鍋煎成蛋皮，包入肉餡做成餃子形狀，放入蒸籠蒸 5 分鐘。
4. 鍋內加入 200c.c. 的高湯，將作法 1 食材加入鍋中，加鹽 1/4t、味精 1/2t、太白粉水 1t 勾芡後，淋上蛋餃即可。

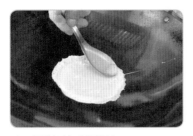

1 蛋液煎成圓型

2 加入餡料

3 將蛋皮摺成蛋餃

4 上盤大火蒸5分鐘

5 汆燙三絲

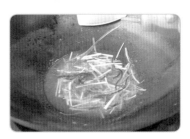

6 三絲加蔥絲及調味料勾芡

7 淋上蛋餃

8 均勻擺盤即可

9 食材完成圖

材料清點卡

301-12 題組 雞肉麻油飯、玉米炒肉末、紅燒茄段

1. 菜名與食材切配依據

菜餚名稱	主要刀工	烹調法	主材料類別	材料組合	水花款式	盤飾款式
雞肉麻油飯	塊	生米燜煮	仿雞腿	米酒、胡麻油、長糯米、乾香菇、老薑、仿雞腿		參考規格明細
玉米炒肉末	末、粒	炒	玉米	玉米粒、五香大豆乾、青椒、紅蘿蔔、蒜頭、豬絞肉		
紅燒茄段	段、片	紅燒	茄子	茄子、紅蘿蔔、蔥、老薑、蒜頭、大里肌肉	參考規格明細	

2. 材料明細

名稱	規格描述	重量（數量）	備註
長糯米	米粒完整無霉味	220克	236ml量杯1杯
乾香菇	直徑4公分以上	4朵	可於洗鍋具時優先煮水浸泡於乾貨類切割
玉米粒	合格廠商效期內	150克	罐頭
五香大豆乾	完整塊狀鮮度足無酸味	1/2塊	厚度2.0公分以上
老薑	無潰爛無長芽	100克	麻油飯的老薑切厚片不去皮
青椒	表面平整不皺縮不潰爛	1/3個	120克以上／個
紅蘿蔔	表面平整不皺縮不潰爛	1條	300克以上／條，若為空心須再補發
蔥	新鮮飽滿	50克	
蒜頭	飽滿無發芽無潰爛	20克	
茄子	飽滿無潰爛鮮度足	2條	180克以上／每條
紅辣椒	表面平整不皺縮不潰爛	1條	10克以上／條
小黃瓜	不可大彎曲鮮度足	1條	80克以上／條
大黃瓜	表面平整不皺縮不潰爛	1截	6公分長／截
豬絞肉	鮮度足無異味	80克	
大里肌肉	完整塊狀鮮度足可供橫紋切片	100克	
仿雞腿	L腿鮮度足	1支	300克以上／支

刀工作品規格卡

301-12 題組　雞肉麻油飯、玉米炒肉末、紅燒茄段

1. 菜名與食材切配依據

菜餚名稱	主要刀工	烹調法	主材料類別	材料組合	水花款式	盤飾款式
雞肉麻油飯	塊	生米燜煮	仿雞腿	米酒、胡麻油、長糯米、乾香菇、老薑、仿雞腿		參考規格明細
玉米炒肉末	末、粒	炒	玉米	玉米粒、五香大豆乾、青椒、紅蘿蔔、蒜頭、豬絞肉		
紅燒茄段	段、片	紅燒	茄子	茄子、紅蘿蔔、蔥、老薑、蒜頭、大里肌肉	參考規格明細	

2. 第一階段繳交刀工作品規格（係取自菜名與食材切配依據表所示之切配成品，只需取出規格明細表所示之種類數量，每一種類的數量皆至少需有3/4量符合其規定尺寸，其餘作品留待烹調時適量取用）。

   (1) 受評分刀工作品為香菇片、五香大豆乾粒、青椒粒、紅蘿蔔粒、蔥段、薑片、蒜末、里肌肉片、仿雞腿塊、水花片兩款，以配菜盤分類盛裝受評，另加兩種盤飾以2只瓷盤盛裝擺設。

   (2) 規格明細

材料	規格描述（長度單位：公分）	數量	備註
紅蘿蔔水花片兩款	自選1款及指定1款，指定款須參考下列指定圖（形狀大小需可搭配菜餚）厚薄度（0.3~0.4公分）	各6片以上	
配合材料擺出兩種盤飾	下列指定圖3選2	各1盤	
乾香菇片	復水去蒂，斜切，寬2.0~4.0、長度及高（厚）依食材規格	4朵切完	
五香大豆乾粒	長、寬、高（厚）各0.4~0.8	1/2塊切完	
青椒粒	長、寬各0.4~0.8，高（厚）依食材規格	1/3個切完	
紅蘿蔔粒	長、寬、高（厚）各0.4~0.8	20克以上	
蔥段	長3.0~5.0直段或斜段	20克以上	
薑片	長2.0~3.0，寬1.0~2.0，高（厚）0.2~0.4，可切菱形片	10克以上	紅燒茄段用
蒜末	直徑0.3以下碎末	10克以上	
里肌肉片	長4.0~6.0，寬2.0~4.0，高（厚）0.4~0.6	切完	去筋膜
仿雞腿塊	邊長2.0~4.0的不規則塊狀，須帶骨	全部剁完	

水花及盤飾參考：依指定圖完成，可受公評並獲得普遍認同之美感。

指定水花（擇一）	(1)	(2)	(3)
指定盤飾（擇二） (1) 大黃瓜、小黃瓜、紅辣椒 (2) 大黃瓜、紅辣椒 (3) 小黃瓜	(1)	(2)	(3)

   (3) 無須繳驗部分：菜餚刀工之種類、取量與形狀，除了規格明細之數量外，還包括不須繳驗的部分，請務必依「菜名與食材切配依據」表之食材選用規定種類切配，配合題意之刀工規格切配出合宜的刀工形狀、數量與配色進行烹調。

301-12 題組 雞肉麻油飯、玉米炒肉末、紅燒茄段

1. 菜名與食材切配依據

菜餚名稱	主要刀工	烹調法	主材料類別	材料組合	水花款式	盤飾款式
雞肉麻油飯	塊	生米燜煮	仿雞腿	米酒、胡麻油、長糯米、乾香菇、老薑、仿雞腿		參考規格明細
玉米炒肉末	末、粒	炒	玉米	玉米粒、五香大豆乾、青椒、紅蘿蔔、蒜頭、豬絞肉		
紅燒茄段	段、片	紅燒	茄子	茄子、紅蘿蔔、蔥、老薑、蒜頭、大里肌肉	參考規格明細	

2. 第二階段烹調說明：

請依題意及菜名與食材切配依據表需求自刀工切配作品中適量取用，加入之食材種類不得短少，否則依不符題意處理（即該道菜判定為60分以下），水花則依配色或烹調量需求，需有兩款但各款數量不一定要全加。

(1) 雞肉麻油飯

烹調規定	麻油炒老薑片（不去皮），炒料、生米水燜煮熟
烹調法	生米燜煮
調味規定	以麻油、醬油、鹽、酒、糖、味精、胡椒粉等調味料自選合宜使用
備註	1. 規定材料不得短少 2. 米粒熟透，不得糊爛 3. 若監評檢視過程，燜煮法焦化之鍋粑不得超過飯量之1/5

(2) 玉米炒肉末

烹調規定	1. 肉末下鍋炒熟 2. 以蒜末爆香，所有材料以炒的烹調法完成
烹調法	炒
調味規定	以鹽、酒、糖、味精、胡椒粉、香油、太白粉水等調味料自選合宜使用
備註	不得嚴重出油，規定材料不得短少

(3) 紅燒茄段

烹調規定	1. 茄段炸過以保紫色而軟 2. 肉片需調味上漿，汆燙或過油皆可 3. 以蒜片、薑片、蔥段炒香，加配料及水花烹調，以淡芡收汁即可
烹調法	紅燒
調味規定	以醬油、鹽、酒、糖、味精、胡椒粉、香油、太白粉水等調味料自選合宜使用
備註	1. 茄段可視材料規格分為二等分或四等分 2. 茄子需軟化而呈（淡）紫色，需有適量燒汁不得嚴重出油，規定材料不得短少

301-12 題組

★ 雞肉麻油飯　　　★ 玉米炒肉末　　　★ 紅燒茄段

指定水花（擇一）

指定盤飾（擇二）

雞肉麻油飯

 材料
長糯米 220g、乾香菇 4 朵、老薑 100g、仿雞腿 1 支、胡麻油 2t、米酒半杯

 調味料
醬油 2t、糖 2t、味精 1/2t、胡椒粉 1/2t

 重點提示 ★

燜 煮

1. 胡麻油爆香薑片時，記得用中小火，避免胡麻油變苦。
2. 糯米直接拌炒燜煮出來雞肉飯會比較 Q 彈。
3. 雞肉麻油飯燜煮熟後，關火續燜 5 分鐘，讓食材完全收汁後會更香。

※ 所有材料請依指定刀工切割完成
1. 老薑切片，乾香菇泡水切片；仿雞腿切塊滾水汆燙，將血水洗淨。
2. 長糯米洗淨瀝乾。
3. 鍋內加入胡麻油爆香薑片、香菇片，雞腿拌炒後加入半杯米酒和糯米炒至米酒收乾，再加開水 1 又 1/4 杯、調味料拌勻蓋上鍋蓋。
4. 小火燜煮 8 分鐘後拌勻米飯，再用小火燜煮 5 分鐘待米飯完全熟透熄火再燜 5 分鐘，待米飯收水後即可盛皿。

1 雞肉汆燙去血水撈出用冷水沖涼瀝乾

2 鍋中入胡麻油將薑片、香菇片炒香

3 鍋中加入雞肉炒香

4 鍋中用醬油熗鍋

5 食材炒香加米酒

6 湯汁煮開加糯米拌炒

7 將糯米炒至湯汁收乾後，加1又1/4杯滾水

8 鍋中加調味料拌勻

9 加入調味料後蓋上鍋蓋用小火燜8分鐘

10 燜8分後掀開鍋蓋用鍋鏟拌勻米飯，再蓋鍋蓋燜煮5分看米飯完全熟透熄火再燜5分待米飯收水

11 麻油雞飯完成盛盤

12 食材完成圖

玉米炒肉末

 材料
玉米粒 150g、五香大豆乾 1/2 塊、青椒 1/3
個、紅蘿蔔 1/2 條、蒜頭 10g、豬絞肉 80g

 調味料
醬油 1t、酒 1t、糖 1/2t、味精 1/2t、胡椒粉
1/2t、香油 1t、鹽 1/4t

重點提示 ★

 炒
1. 五香大豆乾切粒後，可入油鍋內炸香，增加口感。
2. 豬絞肉記得炒香，可去除肉的腥味。
3. 烹調時，動作快，時間短，火要旺，並且不得嚴重出油。

※ 所有材料請依指定刀工切割完成

1. 五香大豆乾切粒，青椒、紅蘿蔔切粒，與玉米粒一同汆燙至熟備用。
2. 蒜切末。
3. 鍋內加入少許沙拉油放入豬絞肉炒香後加蒜末爆香，續入作法 1 和調味料拌炒，最後加入青椒丁拌炒拌勻即可。

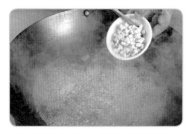
1 鍋中入水汆燙紅蘿蔔粒、五香大豆乾粒

2 鍋中入水汆燙玉米粒

3 鍋中入水汆燙青椒粒

4 鍋中入油將肉末炒香

5 肉末炒香後加入蒜末爆香

6 鍋中加入所有材料和調味料快速拌炒

7 食材拌炒均勻後起鍋前加入青椒丁拌炒，食材拌勻後盛盤

8 食材完成圖

紅燒茄段

🧄 材料
茄子 2 條、紅蘿蔔 1/2 條、蔥 50g、老薑適量、蒜頭 10g、大里肌肉 100g

🧂 調味料
醬油 2t、酒 1t、糖 1t、味精 1/2t、香油 1t、太白粉 1t、高湯 1.5 杯

🫙 醃料
鹽 1/4t、味精 1/2t、香油 1t、酒 1t、太白粉 1t

紅燒

1. 茄子吸水量高,切好後不要泡水。
2. 茄子入油鍋內炸,油溫要高,避免食材變色。
3. 烹調時,茄子要軟化並且要有燒汁,而且不得嚴重出油。

※ 所有材料請依指定刀工切割完成
1. 大里肌肉洗淨切片醃漬上漿，燙熟或炸熟備用。
2. 茄子、蔥切段、蒜切片、薑切菱形片、紅蘿蔔切水花片。
3. 鍋內放入 6 分滿沙拉油，加熱至 160 度，將茄段炸熟、撈出瀝油。
4. 鍋內放少許沙拉油爆香辛香料後，加入調味料，再加入茄段燒煮至收汁即可。

1 肉片醃製上漿

2 將肉片炸熟或燙熟備用

3 茄子以油溫160度油炸

4 撈出茄子、瀝乾油

5 爆香辛香料

6 加入調味料和茄子拌炒

7 茄子與調味料拌勻煮至收汁

8 盛盤

9 食材完成圖

材料清點卡

西芹炒雞片、三絲淋蒸蛋、紅燒杏菇塊

1. 菜名與食材切配依據

菜餚名稱	主要刀工	烹調法	主材料類別	材料組合	水花款式	盤飾款式
西芹炒雞片	片	炒、爆炒	雞胸肉	西芹、紅蘿蔔、紅辣椒、蒜頭、薑、雞胸肉	參考規格明細	參考規格明細
三絲淋蒸蛋	絲	蒸、羹	雞蛋	乾香菇、桶筍、蔥、薑、大里肌肉、雞蛋		
紅燒杏菇塊	滾刀塊	紅燒	杏鮑菇	杏鮑菇、紅蘿蔔、蔥、薑、蒜頭		

2. 材料明細

名稱	規格描述	重量（數量）	備註
乾香菇	直徑4公分以上	1朵	可於洗鍋具時優先煮水浸泡於乾貨類切割
桶筍	若為空心或軟爛不足需求量，應檢人可反應更換	1/2支	去除筍尖的實心淨肉至少100g，需縱切檢視才分發，烹調時需去酸味
西芹	整把分單支發放	1單支以上	80g以上／支
紅蘿蔔	表面平整不皺縮不潰爛	1條	300g以上／條，若為空心須再補發
紅辣椒	表面平整不皺縮不潰爛	1條	10g以上／條
蒜頭	飽滿無發芽無潰爛	20g	
蔥	新鮮飽滿	80g	
薑	長段無潰爛	80g	需可切絲、片
杏鮑菇	形大結實飽滿	2支	100g以上／支
小黃瓜	不可大彎曲鮮度足	1條	80g以上／條
大黃瓜	表面平整不皺縮不潰爛	1截	6公分長／截
大里肌肉	完整塊狀鮮度足可供橫紋切絲	100g	
雞胸肉	帶骨帶皮，鮮度足	1/2付	360g以上／付
雞蛋	外形完整鮮度足	4個	

302-1 題組　西芹炒雞片、三絲淋蒸蛋、紅燒杏菇塊

1. 菜名與食材切配依據

菜餚名稱	主要刀工	烹調法	主材料類別	材料組合	水花款式	盤飾款式
西芹炒雞片	片	炒、爆炒	雞胸肉	西芹、紅蘿蔔、紅辣椒、蒜頭、薑、雞胸肉	參考規格明細	參考規格明細
三絲淋蒸蛋	絲	蒸、羹	雞蛋	乾香菇、桶筍、蔥、薑、大里肌肉、雞蛋		
紅燒杏菇塊	滾刀塊	紅燒	杏鮑菇	杏鮑菇、紅蘿蔔、蔥、薑、蒜頭		

2. 第一階段繳交刀工作品規格（係取自菜名與食材切配依據表所示之切配成品，只需取出規格明細表所示之種類數量，每一種類的數量皆至少需有3/4量符合其規定尺寸，其餘作品留待烹調時適量取用）。

(1) 受評分刀工作品為桶筍絲、西芹片、紅辣椒片、薑片、蔥絲、薑絲、杏鮑菇塊、里肌肉絲、雞片、水花片兩款，以配菜盤分類盛裝受評，另加兩種盤飾以2只瓷盤盛裝擺設。

(2) 規格明細

材料	規格描述（長度單位：公分）	數量	備註
紅蘿蔔水花片兩款	自選1款及指定1款，指定款須參考下列指定圖（形狀大小需可搭配菜餚）厚薄度（0.3~0.4公分）	各6片以上	
配合材料擺出兩種盤飾	下列指定圖3選2	各1盤	
桶筍絲	寬、高（厚）各為0.2~0.4，長4.0~6.0	40g以上	
西芹片	長3.0~5.0，寬2.0~4.0，高（厚）依食材規格，可切菱形片	整支切完	
紅辣椒片	長2.0~3.0，寬1.0~2.0，高（厚）0.2~0.4，可切菱形片	切完	紅辣椒須留部分盤飾用
薑片	長2.0~3.0，寬1.0~2.0，高（厚）0.2~0.4，可切菱形片	10g以上	
蔥絲	寬、高（厚）各為0.3以下，長4.0~6.0	10g以上	
薑絲	寬、高（厚）各為0.3以下，長4.0~6.0	10g以上	
杏鮑菇塊	邊長2.0~4.0的滾刀塊	切完	
里肌肉絲	寬、高（厚）各為0.2~0.4，長4.0~6.0	切完	去筋膜
雞片	長4.0~6.0，寬2.0~4.0，高（厚）0.4~0.6	切完	規格不足亦可用

水花及盤飾參考：依指定圖完成，可受公評並獲得普遍認同之美感。

指定水花（擇一）	(1)	(2)	(3)
指定盤飾（擇二） (1) 大黃瓜、小黃瓜、紅辣椒 (2) 大黃瓜、紅辣椒 (3) 小黃瓜	(1)	(2)	(3)

(3) 無須繳驗部分：菜餚刀工之種類、取量與形狀，除了規格明細之數量外，還包括不須繳驗的部分，請務必依「菜名與食材切配依據」表之食材選用規定種類切配，配合題意之刀工規格切配出合宜的刀工形狀、數量與配色進行烹調。

302-1 題組 西芹炒雞片、三絲淋蒸蛋、紅燒杏菇塊

1. 菜名與食材切配依據

菜餚名稱	主要刀工	烹調法	主材料類別	材料組合	水花款式	盤飾款式
西芹炒雞片	片	炒、爆炒	雞胸肉	西芹、紅蘿蔔、紅辣椒、蒜頭、薑、雞胸肉	參考規格明細	參考規格明細
三絲淋蒸蛋	絲	蒸、羹	雞蛋	乾香菇、桶筍、蔥、薑、大里肌肉、雞蛋		
紅燒杏菇塊	滾刀塊	紅燒	杏鮑菇	杏鮑菇、紅蘿蔔、蔥、薑、蒜頭		

2. 第二階段烹調說明：

請依題意及菜名與食材切配依據表需求自刀工切配作品中適量取用，加入之食材種類不得短少，否則依不符題意處理（即該道菜判定為60分以下），水花則依配色或烹調量需求，需有兩款但各款數量不一定要全加。

(1) 西芹炒雞片

烹調規定	1. 雞片需調味上漿、汆燙或過油皆可 2. 以蒜片、薑片、紅辣椒爆香，與西芹、水花炒成菜
烹調法	炒、爆炒
調味規定	以鹽、酒、糖、味精、胡椒粉、香油、太白粉水等調味料自選合宜使用
備註	不得嚴重出油，規定材料不得短少

(2) 三絲淋蒸蛋

烹調規定	1. 蒸蛋需水嫩且表面平滑，以水（羹）盤盛裝 2. 肉絲需調味上漿，汆燙或過油皆可 3. 需有適量的蔥絲、薑絲作為香配料的點綴 4. 以琉璃芡淋於蒸蛋上，絲料及芡汁（約六、七分滿）適宜取量
烹調法	蒸、羹
調味規定	以鹽、酒、白醋、糖、味精、胡椒粉、香油、太白粉水等調味料自選合宜使用
備註	1. 4個蛋份量的蒸蛋 2. 僅允許有少許氣孔之嫩蒸蛋，不得為蒸過火的蜂巢狀，或變色之綠色蒸蛋，也不得為火候不足之未凝固作品 3. 規定材料不得短少

(3) 紅燒杏菇塊

烹調規定	1. 杏鮑菇塊、紅蘿蔔塊炸至微上色 2. 以蔥段、薑片、蒜片爆香，將材料燒成菜，少許淡芡收汁即可
烹調法	紅燒
調味規定	以醬油、鹽、酒、糖、味精、胡椒粉、香油、太白粉水等調味料自選合宜使用
備註	有適量醬汁，汁不得黏稠結塊，不得浮油而無汁，規定材料不得短少

302-1 題組

★ 西芹炒雞片　　　★ 三絲淋蒸蛋　　　★ 紅燒杏菇塊

指定水花（擇一）

指定盤飾（擇二）

西芹炒雞片

🧄 **材料**
西芹 100g、紅蘿蔔 1/2 條、紅辣椒 1 條、蒜頭 10g、雞胸肉 1/2 付、薑 20g

🧂 **調味料**
鹽 1/4t、酒 1/2t、糖 1/4t、香油 1/2t、水 1/3 杯

🍶 **醃料**
醬油 1/2t、酒 1/2t、太白粉 1t、香油 1t、味精 1/4t、胡椒粉 1/4t

重點提示 ★

炒
1. 西芹去除老纖維，避免食用時影響口感。
2. 雞肉取片時宜一刀成形，避免食材破損。而食材上漿後，用少許油拌勻，汆燙或過油時，比較不會黏結成團。
3. 烹調時，動作快，時間短，火要旺。

※ 所有材料請依指定刀工切割完成

1. 雞胸肉順紋切 3×5cm 片狀，用醃料醃好汆燙撈出瀝水。
2. 西芹切菱形片，蒜頭、紅辣椒切片、薑切菱形片，將指定水花與西芹燙過。
3. 熱鍋加少量油爆香蒜片、紅辣椒片、薑片，加入調味料和 1/3 杯水煮開，續加入雞片與蔬菜拌炒勻（少量汁）。

1 雞片加調味料醃漬上漿

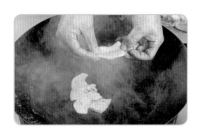

2 鍋中入水燒至90度將雞片入鍋中汆燙

3 雞片汆燙熟透撈出瀝水

4 鍋中入水汆燙副材料

5 調製調味料

6 鍋中入油將辛香料炒香並加入調味料和水1/3杯

7 湯汁煮開加入所有食材拌勻

8 食材拌勻均勻盛盤

9 食材完成圖

三絲淋蒸蛋

 材料
乾香菇 1 朵、桶筍 1/2 支、蔥 40g、薑 30g、大里肌肉 100g、雞蛋 4 個、紅辣椒 1 條（非受評可增加）

 調味料
鹽 1t、酒 1/2t、糖 1/4t、香油 1/2t、水 2.5 杯、味精 1/2t

 醃料
料酒 1/4 杯、醬油 1/4t、太白粉 1/2t

 重點提示 ★

蒸 羹
1. 蒸蛋的蛋和湯汁比例要正確，且時間要控制得宜。
2. 蒸蛋時，上頭一定要用保鮮膜封緊，避免水蒸氣滴落，影響成品美觀。
3. 勾芡時，芡汁要呈琉璃狀。

作法 ★

※ 所有材料請依指定刀工切割完成
1. 將香菇泡軟切絲，桶筍、蔥、薑、紅辣椒全切絲。
2. 大里肌肉切絲用醃料醃過汆燙，桶筍汆燙備用。
3. 雞蛋（用衛生手法）打勻加水 2.5 杯拌勻、入調味料，用濾網過篩，放入羹盤，先用大火蒸 9 分鐘，再用小火蒸 10 分鐘。
4. 鍋內放 1 杯高湯煮開，加入調味料，再加入所有材料用太白粉水勾芡淋在蒸蛋上即可。

1 蛋依衛生三段式打蛋法處理

2 將蛋打成均勻蛋汁

3 蛋汁加入調味料，拌勻後，放入蒸籠蒸熟

4 鍋中入水，水開將肉絲汆燙至熟撈出瀝水

5 汆燙桶筍絲

6 高湯入鍋將薑絲、香菇絲香味煮出，加調味料

7 湯鍋中加入肉絲

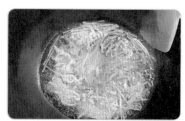

8 湯鍋中加入桶筍絲

9 湯鍋煮開用太白粉水勾玻璃芡

10 芡汁加入蔥綠絲

11 芡汁完成淋入芙蓉蛋內

12 食材完成圖

紅燒杏菇塊

 材料

杏鮑菇 2 支、紅蘿蔔 1/2 條、蔥 40g、薑 30g、蒜頭 10g

 調味料

醬油 2 大 t、素蠔油 1t、酒 1/2t、糖 1t、水 1.5 杯、味精 1/2t

重點提示 ★

紅 燒

1. 杏鮑菇不能泡水，因其屬海綿體，吸水量高，泡水後烹調會影響口感。
2. 杏鮑菇入油鍋內炸，盡量炸至無水分，外表微皺，並且呈金黃色。
3. 烹調時要有醬汁，並且呈琥珀色。

※ 所有材料請依指定刀工切割完成

1. 紅蘿蔔、杏鮑菇切 2.5cm 的滾刀塊，蔥切段，薑切菱形片狀，蒜切片。

2. 紅蘿蔔汆燙，杏鮑菇用熱油炸上色撈出備用，紅蘿蔔入油鍋內略炸後撈出。

3. 鍋中爆香薑片、蒜片，加入調味料和水 1.5 杯煮開，入杏鮑菇塊、紅蘿蔔塊以大火煮開，改用小火燜煮、收汁至 1/2 時，放入蔥段待收至 1/3 即可。

1 鍋中入水將紅蘿蔔煮熟

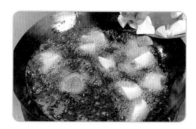

2 油鍋燒熱170度將杏鮑菇塊入油鍋內炸

3 杏鮑菇塊炸至外表酥脆呈金黃色撈出瀝油

4 紅蘿蔔入油鍋內略炸後撈出

5 調製調味料

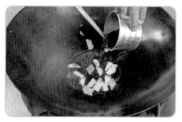

6 鍋中入油將辛香料炒香加入調味料和水1.5杯

7 湯汁煮開加入食材烹煮

8 食材燜煮湯汁剩1/2時加蔥段燜煮

9 收汁至1/3，食材完成後盛盤

10 食材完成圖

 材料清點卡

302-2 題組 糖醋排骨、三色炒雞片、麻辣豆腐丁

1. 菜名與食材切配依據

菜餚名稱	主要刀工	烹調法	主材料類別	材料組合	水花款式	盤飾款式
糖醋排骨	塊、片	溜	小排骨	罐頭鳳梨、洋蔥、青椒、小排骨		參考規格明細
三色炒雞片	片	炒、爆炒	雞胸肉	乾香菇、桶筍、小黃瓜、紅蘿蔔、薑、蒜頭、雞胸肉	參考規格明細	
麻辣豆腐丁	丁、末	燒	板豆腐	板豆腐、蔥、紅辣椒、薑、蒜頭、豬絞肉、辣豆瓣醬		

2. 材料明細

名稱	規格描述	重量（數量）	備註
乾香菇	直徑4公分以上	2朵	可於洗鍋具時優先煮水浸泡於乾貨類切割
罐頭鳳梨	效期內	1圓片	
桶筍	若為空心或軟爛不足需求量，應檢人可反應更換	1/2支	去除筍尖的實心淨肉至少100克，需縱切檢視才分發，烹調時需去酸味
板豆腐	老豆腐，不得有酸味	400克以上	注意保存
洋蔥	飽滿無潰爛無黑心	1/4個	250克以上／個
青椒	表面平整不皺縮不潰爛	1/2個	120克以上／個
紅辣椒	表面平整不皺縮不潰爛	1條	10克以上／條
蒜頭	飽滿無發芽無潰爛	20克	
小黃瓜	不可大彎曲鮮度足	2條	80克以上／條
大黃瓜	表面平整不皺縮不潰爛	1截	6公分長／截
紅蘿蔔	表面平整不皺縮不潰爛	1條	300克以上／條，若為空心須再補發
蔥	青翠新鮮	50克	
薑	無潰爛	50克	需可切片、末
小排骨	需為多肉的小排骨，不得有異味	300克	未剁塊，不可使用龍骨排
豬絞肉	鮮度足無異味	50克	
雞胸肉	帶骨帶皮，鮮度足	1/2付	360克以上／付

302-2 題組 糖醋排骨、三色炒雞片、麻辣豆腐丁

1. 菜名與食材切配依據

菜餚名稱	主要刀工	烹調法	主材料類別	材料組合	水花款式	盤飾款式
糖醋排骨	塊、片	溜	小排骨	罐頭鳳梨、洋蔥、青椒、小排骨	參考規格明細	參考規格明細
三色炒雞片	片	炒、爆炒	雞胸肉	乾香菇、桶筍、小黃瓜、紅蘿蔔、薑、蒜頭、雞胸肉		
麻辣豆腐丁	丁、末	燒	板豆腐	板豆腐、蔥、紅辣椒、薑、蒜頭、豬絞肉、辣豆瓣醬		

2. 第一階段繳交刀工作品規格（係取自菜名與食材切配依據表所示之切配成品，只需取出規格明細表所示之種類數量，每一種類的數量皆至少需有3/4量符合其規定尺寸，其餘作品留待烹調時適量取用）。

(1) 受評分刀工作品為筍片、豆腐丁、青椒片、洋蔥片、小黃瓜片、蔥花、蒜末、小排骨塊、雞片、水花片兩款，以配菜盤分類盛裝受評，另加兩種盤飾以2只瓷盤盛裝擺設。

(2) 規格明細

材料	規格描述（長度單位：公分）	數量	備註
紅蘿蔔水花片兩款	自選1款及指定1款，指定款須參考下列指定圖（形狀大小需可搭配菜餚）厚薄度（0.3~0.4公分）	各6片以上	
配合材料擺出兩種盤飾	下列指定圖3選2	各1盤	
筍片	長4.0~6.0，寬2.0~4.0，高（厚）0.2~0.4，可切菱形片	10片以上	
豆腐丁	長、寬、高（厚）各0.8~1.2	切完	
青椒片	長3.0~5.0，寬2.0~4.0，高（厚）依食材規格，可切菱形片	切完	
洋蔥片	長3.0~5.0，寬2.0~4.0，高（厚）依食材規格，可切菱形片	20克以上	
小黃瓜片	長4.0~6.0，寬2.0~4.0，高（厚）0.2~0.4，可切菱形片	1條切完	
蔥花	長、寬、高（厚）各為0.2~0.4	20克以上	
蒜末	直徑0.3以下碎末	10克以上	
小排骨塊	邊長2.0~4.0的不規則塊狀，須帶骨	剁完	
雞片	長4.0~6.0，寬2.0~4.0，高（厚）0.4~0.6	切完	規格不足亦可用

水花及盤飾參考：依指定圖完成，可受公評並獲得普遍認同之美感。

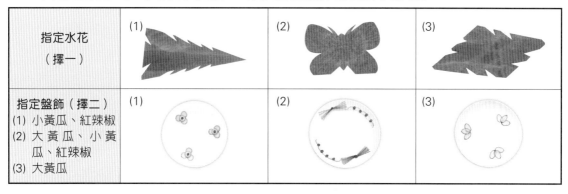

指定水花（擇一）	(1)	(2)	(3)
指定盤飾（擇二） (1) 小黃瓜、紅辣椒 (2) 大黃瓜、小黃瓜、紅辣椒 (3) 大黃瓜	(1)	(2)	(3)

(3) 無須繳驗部分：菜餚刀工之種類、取量與形狀，除了規格明細之數量外，還包括不須繳驗的部分，請務必依「菜名與食材切配依據」表之食材選用規定種類切配，配合題意之刀工規格切配出合宜的刀工形狀、數量與配色進行烹調。

302-2 題組 糖醋排骨、三色炒雞片、麻辣豆腐丁

1. 菜名與食材切配依據

菜餚名稱	主要刀工	烹調法	主材料類別	材料組合	水花款式	盤飾款式
糖醋排骨	塊、片	溜	小排骨	罐頭鳳梨、洋蔥、青椒、小排骨		參考規格明細
三色炒雞片	片	炒、爆炒	雞胸肉	乾香菇、桶筍、小黃瓜、紅蘿蔔、薑、蒜頭、雞胸肉	參考規格明細	
麻辣豆腐丁	丁、末	燒	板豆腐	板豆腐、蔥、紅辣椒、薑、蒜頭、豬絞肉、辣豆瓣醬		

2. 第二階段烹調說明：

請依題意及菜名與食材切配依據表需求自刀工切配作品中適量取用，加入之食材種類不得短少，否則依不符題意處理（即該道菜判定為60分以下），水花則依配色或烹調量需求，需有兩款但各款數量不一定要全加。

(1) 糖醋排骨

烹調規定	1. 排骨調味上漿，炸酥熟上色 2. 以洋蔥片爆香，青椒、鳳梨及排骨溜炒
烹調法	溜
調味規定	以鹽、醬油、番茄醬、酒、糖、味精、白醋、烏醋、香油、太白粉水等調味料自選合宜使用
備註	炸熟後的排骨需有粉質外衣，盤底無多餘醬汁或不得有多量醬汁，不得濃縮出油，規定材料不得短少

(2) 三色炒雞片

烹調規定	1. 肉片需調味上漿，汆燙或過油皆可 2. 以薑片、蒜片爆香，與乾香菇、桶筍、小黃瓜、水花入料成菜
烹調法	炒、爆炒
調味規定	以鹽、酒、糖、味精、胡椒粉、香油、太白粉水等調味料自選合宜使用
備註	不得嚴重出油，規定材料不得短少

(3) 麻辣豆腐丁

烹調規定	1. 以花椒粒、蔥末、薑末、蒜末、辣椒末與豬絞肉爆香 2. 加入豆腐丁及水燒入味，將材料燒成菜，少許淡芡收汁即可
烹調法	燒
調味規定	以辣豆瓣醬、醬油、酒、白醋、糖、味精、香油、花椒粉、太白粉水等調味料自選合宜使用，取用花椒粒作為香料
備註	不得嚴重濃縮出油、豆腐丁破碎不得超過1/4，規定材料不得短少

302-2 題組

★　糖醋排骨　　　　★　三色炒雞片　　　　★　麻辣豆腐丁

指定水花（擇一）

指定盤飾（擇二）

糖醋排骨

🧄 材料

罐頭鳳梨 1 圓片、青椒 1/2 個、小排骨 300g、洋蔥 1/4 個

🧂 調味料

鹽 1/4t、番茄醬 3 大 t、酒 1/2t、糖 3 大 t、白醋 3 大 t、香油 1/2t、水 3 大 t

🍶 醃料

酒 1t、鹽 1/4t、胡椒粉 1/4t、地瓜粉 150g

重點提示 ★

溜

1. 剁排骨時大小要一致，避免食材入油鍋內炸時，熟透度不一致。
2. 食材上漿後，一定要先沾乾粉才入油鍋內炸，這樣食材外表才會呈現酥脆。
3. 烹調時以包芡方式，盡量不要有多餘湯汁。
4. 多餘辛香料非受評可增加。

※ 所有材料請依指定刀工切割完成
1. 排骨先切 3cm 塊狀，用醃料醃、沾地瓜粉。
2. 鳳梨切小片塊狀，青椒切片，洋蔥切片狀。
3. 油溫 160 度炸排骨，起鍋前青椒也炸過，濾油備用。
4. 爆香洋蔥片，入調味料、鳳梨片煮開，倒入排骨、副材料拌勻即可。

1 排骨加調味料醃漬上漿

2 醃漬好食材沾地瓜粉

3 油鍋燒熱160度將食材入油鍋內炸

4 食材炸熟外表酥脆撈出瀝油

5 副材料過油或汆燙

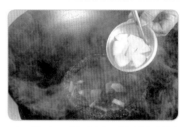

6 鍋中入油將辛香料炒香並加入調味料和鳳梨片

7 湯汁煮開加入排骨拌炒

8 拌炒排骨同時加入副材料拌炒均勻後盛盤

9 食材完成圖

三色炒雞片

🧄 **材料**

桶筍 100g、小黃瓜 2 條、紅蘿蔔 1 條、蒜頭 10g、雞胸肉 180g、乾香菇 2 朵、薑 20g

🧂 **調味料**

鹽 1/4t、酒 1/2t、糖 1/4t、香油 1t、味精 1/2t、水 1/3 杯

🍶 **醃料**

酒 1/2t、醬油 1/2t、太白粉 1t

重點提示 ★

炒
1. 雞肉切片時宜一刀成形，避免食材破損。
2. 雞片汆燙或過油時，盡量以片狀呈現，避免食材變形。
3. 烹調時，動作快，時間短，火要旺，芡汁不要太多。

※ 所有材料請依指定刀工切割完成

1. 雞胸肉切 0.4×3.5×6cm 片狀醃好，加太白粉汆燙（過油亦可）備用。

2. 桶筍、小黃瓜切菱形片，紅蘿蔔切指定水花，皆入水汆燙、香菇泡軟切片、薑蒜切片。

3. 薑片、香菇片、蒜片入炒鍋爆香後，加入調味料和水 1/3 杯煮開加入材料一起拌勻（少醬汁），最後再加入小黃瓜片拌勻起鍋。

1 汆燙水花片

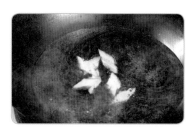

2 汆燙小黃瓜片

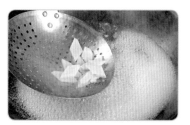

3 汆燙筍片

4 雞片加調味料醃漬上漿

5 鍋中入水燒至90度將雞片入鍋中汆燙

6 雞片熟透撈出瀝水

7 鍋中入油將辛香料和香菇片炒香加調味料和水1/3杯

8 湯汁煮開加入材料拌炒

9 材料拌炒後加入小黃瓜片拌炒均勻盛盤

10 食材完成圖

麻辣豆腐丁

 材料

板豆腐 400g、蔥 50g、薑 30g、蒜頭 10g、豬絞肉 50g、紅辣椒 1 條、辣豆瓣醬 2 大 t

 調味料

醬油 1t、酒 1/2t、白醋 1 大 t、糖 1t、香油 1/2t、花椒粒適量、乾辣椒適量、太白粉水、水 1.5 杯

重點提示 ★

 燒

1. 豆腐丁切好，可用熱水浸泡，縮短烹調時間。
2. 絞肉一定要炒香，可去除肉的腥味。
3. 烹調時，用推的方式使用鍋鏟，避免豆腐丁破碎。

※ 所有材料請依指定刀工切割完成

1. 豆腐切 0.8×1.2cm 以內丁狀泡熱水，蔥、薑、蒜、紅辣椒切末。

2. 炒鍋加油先加入豬絞肉炒開（不結塊），再炒蒜末、薑末、紅辣椒末、乾辣椒、花椒粒，再加入辣豆瓣醬煮開，再加入豆腐丁、調味料，小火燜至醬汁剩 1/2 時打芡。

3. 起鍋時加入蔥花輕拌勻。

1 豆腐丁用開水浸泡

2 鍋中入油將肉末炒香

3 肉末炒香後加入花椒粒拌炒

4 花椒粒炒香後加入辛香料拌炒

5 辛香料炒香後加入辣豆瓣醬將辣豆瓣醬香氣炒出並加入1.5杯水

6 湯汁煮開加入豆腐丁烹煮

7 烹煮豆腐丁時加入調味料

8 烹煮至豆腐丁入味後，醬汁剩1/2用太白粉水勾琉璃芡

9 起鍋前加入蔥花拌炒後盛盤

10 食材完成圖

 **材料清點卡**

302-3 題組 三色炒雞絲、火腿冬瓜夾、鹹蛋黃炒杏菇條

1. 菜名與食材切配依據

菜餚名稱	主要刀工	烹調法	主材料類別	材料組合	水花款式	盤飾款式
三色炒雞絲	絲	炒、爆炒	雞胸肉	乾木耳、青椒、紅蘿蔔、紅辣椒、薑、蒜頭、雞胸肉		參考規格明細
火腿冬瓜夾	雙飛片、片	蒸	冬瓜	家鄉肉、冬瓜、紅蘿蔔、薑	參考規格明細	
鹹蛋黃炒杏菇條	條	炸、拌炒	杏鮑菇	鹹蛋黃、杏鮑菇、蔥、蒜頭		

2. 材料明細

名稱	規格描述	重量（數量）	備註
乾木耳	大片無長黴，漲發後可供切5公分以上的絲	2大片	5克／大片，可於洗鍋具時優先煮水浸泡於乾貨類切割
家鄉肉	整塊未分切，取一截（長寬各5公分高2公分以上）效期內不得異味	1塊	
鹹蛋黃	效期內不得異味	2個	洗好蒸籠後上蒸
青椒	表面平整不皺縮不潰爛	1/2個	120克以上／個
紅蘿蔔	表面平整不皺縮不潰爛	1條	300克以上／條，若為空心須再補發
紅辣椒	表面平整不皺縮不潰爛	1條	10克以上／條
蔥	青翠新鮮	50克	
薑	長段無潰爛	120克	不宜細條，需可供切絲、水花片
冬瓜	不可用頭尾，新鮮無潰爛	600克	寬6公分以上，長12公分以上
小黃瓜	不可大彎曲鮮度足	1條	80克以上／條
大黃瓜	表面平整不皺縮不潰爛	1截	6公分長／截
杏鮑菇	形大結實飽滿	2支以上	100克以上／支
蒜頭	飽滿無發芽無潰爛	20克	
雞胸肉	帶骨帶皮，鮮度足	1/2付	360克以上／付

302-3 題組　三色炒雞絲、火腿冬瓜夾、鹹蛋黃炒杏菇條

1. 菜名與食材切配依據

菜餚名稱	主要刀工	烹調法	主材料類別	材料組合	水花款式	盤飾款式
三色炒雞絲	絲	炒、爆炒	雞胸肉	乾木耳、青椒、紅蘿蔔、紅辣椒、薑、蒜頭、雞胸肉		參考規格明細
火腿冬瓜夾	雙飛片、片	蒸	冬瓜	家鄉肉、冬瓜、紅蘿蔔、薑	參考規格明細	
鹹蛋黃炒杏菇條	條	炸、拌炒	杏鮑菇	鹹蛋黃、杏鮑菇、蔥、蒜頭		

2. 第一階段繳交刀工作品規格（係取自菜名與食材切配依據表所示之切配成品，只需取出規格明細表所示之種類數量，每一種類的數量皆至少需有3/4量符合其規定尺寸，其餘作品留待烹調時適量取用）。

   (1) 受評分刀工作品為木耳絲、家鄉肉片、青椒絲、紅蘿蔔絲、紅辣椒絲、薑絲、冬瓜夾、杏鮑菇條、雞肉絲、水花片兩款，以配菜盤分類盛裝受評，另加兩種盤飾以2只瓷盤盛裝擺設。

   (2) 規格明細

材料	規格描述（長度單位：公分）	數量	備註
紅蘿蔔水花片	指定1款，指定款須參考下列指定圖（形狀大小需可搭配菜餚）厚薄度（0.3~0.4公分）	6片以上	
薑水花片	自選1款厚薄度（0.3~0.4公分）	6片以上	
配合材料擺出兩種盤飾	下列指定圖3選2	各1盤	
木耳絲	寬0.2~0.4，長4.0~6.0，高（厚）依食材規格	15克以上	
家鄉肉片	長4.0~6.0，寬2.0~4.0，高（厚）0.2~0.4	6片以上	須去皮
青椒絲	寬、高（厚）各為0.2~0.4，長4.0~6.0	切完	
紅蘿蔔絲	寬、高（厚）各為0.2~0.4，長4.0~6.0	40克以上	
紅辣椒絲	寬、高（厚）各為0.3以下，長4.0~6.0	切完	
薑絲	寬、高（厚）各為0.3以下，長4.0~6.0	10克以上	
冬瓜夾	長4.0~6.0，寬3.0以上，高（厚）0.8~1.2雙飛片	6片夾以上	
杏鮑菇條	寬、高（厚）各為0.5~1.0，長4.0~6.0	切完	弧形邊也用
雞肉絲	寬、高（厚）各為0.2~0.4，長4.0~6.0	切完	

水花及盤飾參考：依指定圖完成，可受公評並獲得普遍認同之美感。

指定水花（擇一）	(1)	(2)	(3)
指定盤飾（擇二） (1) 大黃瓜、小黃瓜、紅辣椒 (2) 紅蘿蔔 (3) 大黃瓜	(1)	(2)	(3)

   (3) 無須繳驗部分：菜餚刀工之種類、取量與形狀，除了規格明細之數量外，還包括不須繳驗的部分，請務必依「菜名與食材切配依據」表之食材選用規定種類切配，配合題意之刀工規格切配出合宜的刀工形狀、數量與配色進行烹調。

302-3題組　三色炒雞絲、火腿冬瓜夾、鹹蛋黃炒杏菇條

1. 菜名與食材切配依據

菜餚名稱	主要刀工	烹調法	主材料類別	材料組合	水花款式	盤飾款式
三色炒雞絲	絲	炒、爆炒	雞胸肉	乾木耳、青椒、紅蘿蔔、紅辣椒、薑、蒜頭、雞胸肉		參考規格明細
火腿冬瓜夾	雙飛片、片	蒸	冬瓜	家鄉肉、冬瓜、紅蘿蔔、薑	參考規格明細	
鹹蛋黃炒杏菇條	條	炸、拌炒	杏鮑菇	鹹蛋黃、杏鮑菇、蔥、蒜頭		

2. 第二階段烹調說明：

請依題意及菜名與食材切配依據表需求自刀工切配作品中適量取用，加入之食材種類不得短少，否則依不符題意處理（即該道菜判定為60分以下），水花則依配色或烹調量需求，需有兩款但各款數量不一定要全加。

(1) 三色炒雞絲

烹調規定	1. 雞絲需調味上漿，汆燙或過油皆可 2. 以蒜末、薑絲爆香與所有材料（含紅辣椒絲）炒成菜
烹調法	炒、爆炒
調味規定	以鹽、酒、糖、味精、胡椒粉、香油、太白粉水等調味料自選合宜使用
備註	不得嚴重出油，規定材料不得短少

(2) 火腿冬瓜夾

烹調規定	1. 每一瓜夾中夾入一片家鄉肉、薑水花片，在盤中排齊上蒸籠蒸到熟透 2. 煮熟紅蘿蔔水花片一款，排入盤中裝飾 3. 湯汁調味，以琉璃芡淋在火腿冬瓜夾上
烹調法	蒸
調味規定	以鹽、酒、糖、味精、胡椒粉、香油、太白粉水等調味料自選合宜使用
備註	6組瓜夾形狀大小相似，組織完整，規定材料不得短少

(3) 鹹蛋黃炒杏菇條

烹調規定	1. 杏鮑菇沾麵糊炸至酥脆 2. 將鹹蛋黃炒散，再以蒜末、蔥花爆香，拌合杏鮑菇，和勻而起
烹調法	炸、拌炒
調味規定	以鹽、酒、糖、味精、香油、麵粉、太白粉、地瓜粉、泡達粉、油等調味料自選合宜使用
備註	1. 蒸籠洗淨後，可先將蛋黃蒸熟 2. 拌合後鹹蛋黃末須包裹附於菇條表面，規定材料不得短少

302-3 題組

★ 三色炒雞絲　　　★ 火腿冬瓜夾　　　★ 鹹蛋黃炒杏菇條

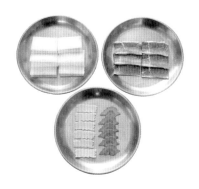

指定水花（擇一）

指定盤飾（擇二）

三色炒雞絲

材料

乾木耳 2 大片、青椒 1/2 個、紅蘿蔔 1/2 條、紅辣椒 1 條、薑 20g、蒜頭 10g、雞胸肉 180g

調味料

鹽 1/4t、酒 1/2t、糖 1/4t、胡椒粉、香油 1/2t、水 1/3 杯、味精 1/2t

醃料

醬油 1t、酒 1t、太白粉 1t

重點提示 ★

炒

1. 雞肉切絲時，盡量切順紋，避免烹調時食材破損。
2. 雞胸肉水分少，所以醃漬時，可加少許水增加雞胸肉的軟嫩感。
3. 烹調時，動作快，時間短，火要旺，芡汁適量。

※ 所有材料請依指定刀工切割完成

1. 雞胸肉順紋切 0.3×6cm 絲，醃好後加太白粉、汆燙備用。
2. 青椒、紅辣椒、薑、紅蘿蔔切 0.2×6cm 絲，蒜頭切末。
3. 熱鍋放油爆香蒜末後去除，加入薑絲、紅辣椒絲炒香，入調味料煮開後加入所有材料拌均勻（少量汁）。

1 雞肉絲調味醃漬上漿

2 汆燙雞肉絲

3 汆燙木耳

4 汆燙三絲材料

5 爆香辛香料

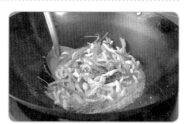

6 食材入鍋加調味料

7 加木耳續炒

8 中火拌炒均勻

9 盛盤

10 食材完成圖

火腿冬瓜夾

 材料

家鄉肉 (8×6×3cm)1 塊、冬瓜 600g、紅蘿蔔 1/2 條、薑 100g

 調味料

味精 1/2t、酒 1t、香油 1t、鹽 1/6t、高湯 1 杯、太白粉水 1t

重點提示 ★

 蒸

1. 冬瓜切雙飛片時，兩片厚度要一致，才比較不會破損。
2. 蒸出來的冬瓜湯汁可拿來做高湯，會比較甘甜。

220

※ 所有材料請依指定刀工切割完成
1. 家鄉肉依材料格式切 6 片以上。
2. 紅蘿蔔切水花片後汆燙，薑同樣切成水花片備用。
3. 冬瓜切 10×8×0.4cm 雙飛片 6 片以上，入鍋中汆燙至冬瓜呈透明狀撈出，用冷水沖涼瀝乾。
4. 每一瓜夾中夾入一片家鄉肉、一片薑水花片並用煮熟紅蘿蔔水花片一款當盤飾。
5. 蒸籠水開，將作法 4 移入蒸籠用中大火蒸 8 分鐘取出。
6. 高湯 1 杯煮開加調味料用太白粉水勾琉璃芡並加入香油淋在作法 5 上即可。

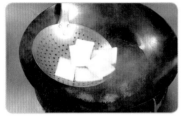
1 鍋中入水煮開汆燙冬瓜片至透明狀撈出用冷水沖涼瀝乾

2 將冬瓜片掀開

3 冬瓜片內放火腿肉

4 冬瓜片內放薑片

5 冬瓜夾擺入瓷盤內

6 用汆燙過的水花片當盤飾，移入蒸籠內水開蒸8分鐘取出

7 鍋中入高湯煮開加調味料用太白粉水勾琉璃芡並加入香油拌勻

8 將芡汁淋在食材上即可

9 食材完成圖

鹹蛋黃炒杏菇條

🧄 **材料**
鹹蛋黃 2 顆、杏鮑菇 200g、蔥 50g、蒜頭 10g、太白粉 2t

🍚 **麵糊**
麵粉 1 杯、太白粉 1/3 杯、泡達粉 1/2t、雞蛋 1 個、沙拉油 100c.c.、水 0.6~0.8 杯

🧂 **調味料**
味精 1/2t、胡椒粉 1/2t、鹽 1/8t

重點提示 ★

拌 炒
1. 炒鹹蛋黃時鍋中油可多放一點，並用中火炒避免蛋黃焦掉。
2. 炸杏鮑菇時油溫定要達標，食材炸出來外形才會漂亮。

※ 所有材料請依指定刀工切割完成
1. 鹹蛋黃蒸熟或煮熟後壓碎並剁成砂。
2. 杏鮑菇切指定格式條狀後拌蛋汁。
3. 蔥切蔥花，蒜切末。
4. 油鍋燒熱 160 度將作法 2 沾麵糊入油鍋內炸至食材外表酥脆呈金黃色撈出瀝油。
5. 鍋中入油將作法 1 炒香起泡沫加入辛香料炒香並加入作法 4 和調味料、蔥花拌勻即可。

1 麵粉1杯、太白粉1/3杯、雞蛋1個、油100c.c.、泡達粉1/2t、水0.6~0.8杯

2 麵糊調製過程

3 麵糊加水調製至麵糊完成

4 杏鮑菇條加蛋汁

5 將杏鮑菇條拌勻

6 油鍋燒熱160度將杏鮑菇條沾麵糊入油鍋內炸

7 杏鮑菇條炸至外表酥脆呈金黃色撈出瀝油

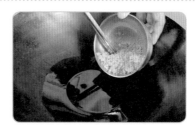

8 鍋中入油將鹹蛋黃倒入鍋拌炒

9 鹹蛋黃炒至香氣出來並起泡沫後加入辛香料拌勻

10 辛香料炒香後加入杏鮑菇條和調味料拌炒

11 加入蔥花和食材拌炒均勻盛盤

12 食材完成圖

材料清點卡

302-4 題組 鹹酥雞、家常煎豆腐、木耳炒三絲

1. 菜名與食材切配依據

菜餚名稱	主要刀工	烹調法	主材料類別	材料組合	水花款式	盤飾款式
鹹酥雞	塊	炸、拌炒	雞胸肉	蒜頭、九層塔、雞胸肉		參考規格明細
家常煎豆腐	片	煎	板豆腐	板豆腐、蔥、薑、蒜頭、紅蘿蔔	參考規格明細	
木耳炒三絲	絲	炒、爆炒	木耳	乾木耳、青椒、紅蘿蔔、紅辣椒、薑、蒜頭、大里肌肉		

2. 材料明細

名稱	規格描述	重量（數量）	備註
乾木耳	大片無長黴，漲發後可供切5公分以上的絲	4大片	5克／大片，可於洗鍋具時優先煮水浸泡於乾貨類切割
板豆腐	老豆腐，不得有酸味	400克以上	注意保存
蔥	青翠新鮮	50克	
蒜頭	飽滿無發芽無潰爛	30克	
紅辣椒	表面平整不皺縮不潰爛	1條	10克以上／條
九層塔	新鮮，葉片完整無潰爛	20克	
紅蘿蔔	表面平整不皺縮不潰爛	1條	300克以上／條，若為空心須再補發
薑	長段無潰爛	100克	需可切絲、片
青椒	表面平整不皺縮不潰爛	1/2個	120克以上／個
小黃瓜	不可大彎曲鮮度足	1條	80克以上
大黃瓜	表面平整不皺縮不潰爛	1截	6公分長／截
大里肌肉	完整塊狀鮮度足可供橫紋切長絲	150克	
雞胸肉	帶骨帶皮，鮮度足	1付	360克以上／付

302-4 題組　鹹酥雞、家常煎豆腐、木耳炒三絲

1. 菜名與食材切配依據

菜餚名稱	主要刀工	烹調法	主材料類別	材料組合	水花款式	盤飾款式
鹹酥雞	塊	炸、拌炒	雞胸肉	蒜頭、九層塔、雞胸肉	參考規格明細	參考規格明細
家常煎豆腐	片	煎	板豆腐	板豆腐、蔥、薑、蒜頭、紅蘿蔔		
木耳炒三絲	絲	炒、爆炒	木耳	乾木耳、青椒、紅蘿蔔、紅辣椒、薑、蒜頭、大里肌肉		

2. 第一階段繳交刀工作品規格（係取自菜名與食材切配依據表所示之切配成品，只需取出規格明細表所示之種類數量，每一種類的數量皆至少需有3/4量符合其規定尺寸，其餘作品留待烹調時適量取用）。

(1) 受評分刀工作品為木耳絲、豆腐片、薑片、青椒絲、紅蘿蔔絲、紅辣椒絲、薑絲、里肌肉絲、雞塊、水花片兩款，以配菜盤分類盛裝受評，另加兩種盤飾以2只瓷盤盛裝擺設。

(2) 規格明細

材料	規格描述（長度單位：公分）	數量	備註
紅蘿蔔水花片兩款	自選1款及指定1款，指定款須參考下列指定圖（形狀大小需可搭配菜餚）厚薄度（0.3~0.4公分）	各6片以上	
配合材料擺出兩種盤飾	下列指定圖3選2	各1盤	
木耳絲	寬0.2~0.4，長4.0~6.0，高（厚）依食材規格	25克以上	
豆腐片	長4.0~6.0，寬2.0~4.0，高（厚）0.8~1.5	切完	
薑片	長2.0~3.0，寬1.0~2.0，高（厚）0.2~0.4，可切菱形片	10克以上	
青椒絲	寬、高（厚）各為0.2~0.4，長4.0~6.0	切完	
紅蘿蔔絲	寬、高（厚）各為0.2~0.4，長4.0~6.0	20克以上	
紅辣椒絲	寬、高（厚）各為0.3以下，長4.0~6.0	切完	
薑絲	寬、高（厚）各為0.3以下，長4.0~6.0	10克以上	
里肌肉絲	寬、高（厚）各為0.2~0.4，長4.0~6.0	切完	去筋膜
雞塊	邊長2.0~4.0的不規則塊狀，須帶骨	切完	

水花及盤飾參考：依指定圖完成，可受公評並獲得普遍認同之美感。

指定水花 （擇一）	(1)	(2)	(3)
指定盤飾（擇二） (1) 大黃瓜、小黃瓜、紅辣椒 (2) 大黃瓜、紅蘿蔔 (3) 大黃瓜	(1)	(2)	(3)

(3) 無須繳驗部分：菜餚刀工之種類、取量與形狀，除了規格明細之數量外，還包括不須繳驗的部分，請務必依「菜名與食材切配依據」表之食材選用規定種類切配，配合題意之刀工規格切配出合宜的刀工形狀、數量與配色進行烹調。

302-4 題組 鹹酥雞、家常煎豆腐、木耳炒三絲

1. 菜名與食材切配依據

菜餚名稱	主要刀工	烹調法	主材料類別	材料組合	水花款式	盤飾款式
鹹酥雞	塊	炸、拌炒	雞胸肉	蒜頭、九層塔、雞胸肉		參考規格明細
家常煎豆腐	片	煎	板豆腐	板豆腐、蔥、薑、蒜頭、紅蘿蔔	參考規格明細	
木耳炒三絲	絲	炒、爆炒	木耳	乾木耳、青椒、紅蘿蔔、紅辣椒、薑、蒜頭、大里肌肉		

2. 第二階段烹調說明：

請依題意及菜名與食材切配依據表需求自刀工切配作品中適量取用，加入之食材種類不得短少，否則依不符題意處理（即該道菜判定為60分以下），水花則依配色或烹調量需求，需有兩款但各款數量不一定要全加。

(1) 鹹酥雞

烹調規定	1. 雞塊加五香粉調味沾地瓜粉炸酥且熟，九層塔炸酥 2. 炒香蒜末與雞塊、九層塔、椒鹽拌合成菜
烹調法	炸、拌炒
調味規定	以鹽、醬油、酒、糖、味精、胡椒粉、香油、五香粉等調味料自選合宜調味，椒鹽可合宜地選用鹽、胡椒粉、味精等
備註	雞塊不得未上色而油軟，九層塔需片片香酥而不油軟，規定材料不得短少

(2) 家常煎豆腐

烹調規定	1. 豆腐雙面煎至上色 2. 以蔥段、薑片、蒜片爆香，加豆腐、水花（兩款各三片以上）下鍋與醬汁拌和，收汁即成
烹調法	煎
調味規定	以醬油、酒、糖、味精、胡椒粉、香油等調味料自選合宜使用
備註	1. 豆腐不得沾粉，成品醬汁極少 2. 煎豆腐需有60％面積上色，焦黑處不得超過10％，不得潰散變形或不成形 3. 規定材料不得短少

(3) 木耳炒三絲

烹調規定	1. 肉絲需調味上漿，汆燙或過油皆可 2. 以薑絲、蒜末爆香，所有材料（含紅辣椒絲）炒成菜
烹調法	炒、爆炒
調味規定	以鹽、酒、糖、味精、胡椒粉、香油、太白粉水等調味料自選合宜使用
備註	規定材料不得短少

302-4 題組

成品圖

★ 鹹酥雞　　　　★ 家常煎豆腐　　　　★ 木耳炒三絲

材料圖

指定水花（擇一）

指定盤飾（擇二）

鹹酥雞

 材料
蒜頭 10g、九層塔 20g、雞胸肉 1 付

 調味料
鹽 1/4t、黑胡椒粉粒 1t

 醃料
鹽 1/4t、酒 1/2t、胡椒粉 1/2t、香油 1/2t、五香粉適量、地瓜粉 150g

重點提示 ★

拌 炒

1. 雞肉剁塊上漿後，一定要沾乾粉入油鍋內炸酥。
2. 辛香料一定要先炒香再加入食材拌炒。
3. 炸九層塔時，一定要用中高油溫，九層塔才會酥脆和翠綠。

※ 所有材料請依指定刀工切割完成
1. 雞胸肉切 3.5cm 塊狀須帶骨醃好，沾地瓜炸酥脆上色。
2. 蒜頭切末，九層塔洗淨、水分吸乾炸酥備用。
3. 熱鍋放香油爆香蒜末炒至有香味，加入雞塊調味拌勻。
4. 起鍋前加入炸好的九層塔拌勻即可。

1 雞塊調味醃漬上漿

2 拌乾粉

3 雞塊均勻上粉

4 雞塊入油鍋內炸

5 炸至熟透

6 起鍋

7 炸九層塔

8 爆香蒜末

9 雞塊及九層塔回鍋加調味料拌炒均勻

10 盛盤

11 食材完成圖

家常煎豆腐

 材料

板豆腐 400g、蔥 50g、蒜頭 10g、紅蘿蔔 1/2 條、薑 30g

 調味料

醬油 2 大 t、酒 1/2 杯、烏醋 1t、糖 1 大 t、胡椒粉 1/2t、香油 1t、水 1.5 杯、味精 1/2t

**重點提示 **

煎

1. 豆腐入鍋煎時，水分要擦乾，避免食材入鍋產生油爆。
2. 煎豆腐時，要熱鍋、熱油，而食材入鍋後、外表未定形前，暫時不要翻動，避免食材外表破損。
3. 烹調菜餚顏色呈琥珀色，且盡量無醬汁。

※ 所有材料請依指定刀工切割完成

1. 板豆腐切 6×3×1cm 片狀泡水用紙巾吸乾煎上色。
2. 蔥切段，薑、蒜頭切片（紅蘿蔔切指定水花 3 片自創 3 片燙熟）備用。
3. 熱鍋爆香蒜片後放蔥段至有香味，加入調味料和 3/4 杯水煮開再放入豆腐、水花片大火燒開，小火燜煮至收汁。
4. 起鍋前加入香油、烏醋提香。

1 豆腐泡水後用紙巾將水分吸乾

2 油鍋燒熱入油並將油燒熱後放入豆腐

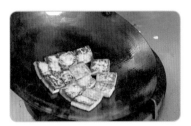

3 將豆腐其中一面煎至金黃色再翻面，等兩面都煎好盛出

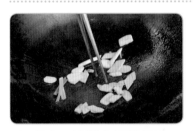

4 鍋中入油將辛香料炒香

5 辛香料炒香後加調味料和 3/4 杯水

6 湯汁煮開放入豆腐烹煮

7 烹煮過程加水花片

8 湯汁收乾盛盤

木耳炒三絲

 材料

乾木耳 4 大片、青椒 1/2 個、紅蘿蔔 1/2 條、紅辣椒 1 條、薑 30g、蒜頭 10g、大里肌肉 150g

 調味料

鹽 1/4t、酒 1/2t、糖 1/4t、香油 1/2t、水 1/3 杯、味精 1/2t

 醃料

醬油 1/4t、酒 1/4t、太白粉 1t

重點提示 ★

炒

1. 肉絲上漿後用少許油拌勻，汆燙或過油時避免黏結成團。
2. 烹調時，動作快，時間短，火要旺，芡汁適量。

※ 所有材料請依指定刀工切割完成

1. 大里肌肉切 0.2×6cm 絲狀醃過，汆燙或滑油。
2. 木耳切 0.2×6cm（25g），紅蘿蔔、青椒切 0.2×6cm（各 20g）絲狀汆燙備用。
3. 紅辣椒、薑切 0.2×6cm 絲狀，蒜頭切絲（末）。
4. 鍋中放油爆香蔥、蒜、辣椒，加入調味汁煮開加入主副材料拌勻。

1 肉絲調味醃漬上漿

2 肉絲汆燙

3 木耳汆燙

4 青椒汆燙

5 爆香辛香料

6 加入食材拌炒

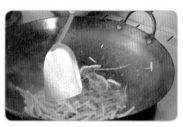

7 加入青椒續炒和調味料拌炒均勻

8 盛盤

9 食材完成圖

302-5 題組 三色雞絲羹、炒梳片鮮筍、西芹拌豆乾絲

1. 菜名與食材切配依據

菜餚名稱	主要刀工	烹調法	主材料類別	材料組合	水花款式	盤飾款式
三色雞絲羹	絲	羹	雞胸肉	乾香菇、桶筍、紅蘿蔔、蔥、雞胸肉、雞蛋		參考規格明細
炒梳片鮮筍	片、梳子片	炒、爆炒	桶筍	乾香菇、桶筍、小黃瓜、紅蘿蔔、薑、蒜頭、大里肌肉	參考規格明細	
西芹拌豆乾絲	絲	涼拌	大豆乾	洋菜、五香大豆乾、蒜頭、薑、西芹、紅蘿蔔		

2. 材料明細

名稱	規格描述	重量（數量）	備註
乾香菇	直徑4公分以上	5朵	可於洗鍋具時優先煮水浸泡於乾貨類切割
洋菜	乾品效期內	5克	
桶筍	若為空心或軟爛不足需求量，應檢人可反應更換	1.5支	去除筍尖的實心淨肉至少300克，需縱切檢視才分發，烹調時需去酸味
五香大豆乾	完整塊狀鮮度足無酸味	1塊	厚度2.0公分以上
紅蘿蔔	表面平整不皺縮不潰爛	1條	300克以上／條，若為空心須再補發
蔥	青翠新鮮	50克	
薑	長段無潰爛	80克	需可切絲、片
紅辣椒	表面平整不皺縮不潰爛	1條	10克以上／條
小黃瓜	不可大彎曲鮮度足	2條	80克以上／條
大黃瓜	表面平整不皺縮不潰爛	1截	6公分長／截
蒜頭	飽滿無發芽無潰爛	20克	
西芹	整把分單支發放	1單支以上	80克以上／支
大里肌肉	完整塊狀鮮度足需可供逆紋切片	120克	
雞胸肉	帶骨帶皮，鮮度足	1/2付	360克以上／付
雞蛋	外形完整鮮度足	1個	

302-5 題組　三色雞絲羹、炒梳片鮮筍、西芹拌豆乾絲

1. 菜名與食材切配依據

菜餚名稱	主要刀工	烹調法	主材料類別	材料組合	水花款式	盤飾款式
三色雞絲羹	絲	羹	雞胸肉	乾香菇、桶筍、紅蘿蔔、蔥、雞胸肉、雞蛋		參考規格明細
炒梳片鮮筍	片、梳子片	炒、爆炒	桶筍	乾香菇、桶筍、小黃瓜、紅蘿蔔、薑、蒜頭、大里肌肉	參考規格明細	
西芹拌豆乾絲	絲	涼拌	大豆乾	洋菜、五香大豆乾、蒜頭、薑、西芹、紅蘿蔔		

2. 第一階段繳交刀工作品規格（係取自菜名與食材切配依據表所示之切配成品，只需取出規格明細表所示之種類數量，每一種類的數量皆至少需有3/4量符合其規定尺寸，其餘作品留待烹調時適量取用）。

　　(1)　受評分刀工作品為筍絲、桶筍梳子片、豆乾絲、紅蘿蔔絲、蔥絲、薑絲、西芹絲、里肌肉片、雞絲、水花片兩款，以配菜盤分類盛裝受評，另加兩種盤飾以2只瓷盤盛裝擺設。

　　(2)　規格明細

材料	規格描述（長度單位：公分）	數量	備註
紅蘿蔔水花片	指定1款，指定款須參考下列指定圖（形狀大小需可搭配菜餚）厚薄度（0.3~0.4公分）	6片以上	
薑水花片	自選一款厚薄度（0.3~0.4公分）	6片以上	
配合材料擺出兩種盤飾	下列指定圖3選2	各1盤	
筍絲	寬、高（厚）各為0.2~0.4，長4.0~6.0	40克以上	
桶筍梳子片	長4.0~6.0，寬2.0~4.0，高（厚）為0.2~0.4的梳子花刀片（花刀間隔為0.5以下）	12片以上	
豆乾絲	寬、高（厚）各為0.2~0.4，長4.0~6.0	切完	
紅蘿蔔絲	寬、高（厚）各為0.2~0.4，長4.0~6.0	30克以上	二菜用
蔥絲	寬、高（厚）各為0.3以下，長4.0~6.0	10克以上	
薑絲	寬、高（厚）各為0.3以下，長4.0~6.0	10克以上	
西芹絲	寬、高（厚）各為0.2~0.4，長4.0~6.0	切完	
里肌肉片	長4.0~6.0，寬2.0~4.0，高（厚）0.4~0.6	切完	去筋膜
雞絲	寬、高（厚）各為0.2~0.4，長4.0~6.0	100克以上	

　　水花及盤飾參考：依指定圖完成，可受公評並獲得普遍認同之美感。

指定水花 （擇一）	(1)	(2)	(3)
指定盤飾（擇二） (1) 大黃瓜 (2) 大黃瓜、紅辣椒 (3) 大黃瓜、小黃瓜、紅辣椒	(1)	(2)	(3)

　　(3)　無須繳驗部分：菜餚刀工之種類、取量與形狀，除了規格明細之數量外，還包括不須繳驗的部分，請務必依「菜名與食材切配依據」表之食材選用規定種類切配，配合題意之刀工規格切配出合宜的刀工形狀、數量與配色進行烹調。

302-5 題組　三色雞絲羹、炒梳片鮮筍、西芹拌豆乾絲

1. **菜名與食材切配依據**

菜餚名稱	主要刀工	烹調法	主材料類別	材料組合	水花款式	盤飾款式
三色雞絲羹	絲	羹	雞胸肉	乾香菇、桶筍、紅蘿蔔、蔥、雞胸肉、雞蛋		參考規格明細
炒梳片鮮筍	片、梳子片	炒、爆炒	桶筍	乾香菇、桶筍、小黃瓜、紅蘿蔔、薑、蒜頭、大里肌肉	參考規格明細	
西芹拌豆乾絲	絲	涼拌	大豆乾	洋菜、五香大豆乾、蒜頭、薑、西芹、紅蘿蔔		

2. **第二階段烹調說明：**

請依題意及菜名與食材切配依據表需求自刀工切配作品中適量取用，加入之食材種類不得短少，否則依不符題意處理（即該道菜判定為60分以下），水花則依配色或烹調量需求，需有兩款但各款數量不一定要全加。

(1) 三色雞絲羹

烹調規定	1. 雞絲需調味上漿、汆燙或過油皆可 2. 所有絲料煮成羹，淋蛋白液成雪花片或絲片狀
烹調法	羹
調味規定	以鹽、白醋、酒、糖、味精、胡椒粉、香油、太白粉水等調味料自選合宜使用
備註	蛋白需成絲或細片狀浮在液面，規定材料不得短少

(2) 炒梳片鮮筍

烹調規定	1. 肉片需調味上漿，汆燙或過油皆可 2. 以薑水花片、蒜片爆香，梳片鮮筍與材料（含香菇、小黃瓜、肉片）、水花炒成菜
烹調法	炒、爆炒
調味規定	以鹽、酒、糖、味精、胡椒粉、香油、太白粉水等調味料自選合宜使用
備註	油汁不得過多，配料可不切梳子片花刀，規定材料不得短少

(3) 西芹拌豆乾絲

烹調規定	1. 洋菜段泡軟，以熟食方式處理，其他材料皆須脫生 2. 拌合所有材料，調味成菜
烹調法	涼拌
調味規定	以鹽、烏醋、白醋、糖、味精、胡椒粉、香油等調味料自選合宜使用
備註	注重操作衛生，規定材料不得短少

★ 三色雞絲羹　　　★ 炒梳片鮮筍　　　★ 西芹拌豆乾絲

指定水花（擇一）

指定盤飾（擇二）

三色雞絲羹

材料

乾香菇 3 朵、桶筍 100g、紅蘿蔔 1/3 條、蔥 20g、雞胸肉 180g、雞蛋 1 個、高湯 5 杯

調味料

鹽 1/4t、烏醋 1 大 t、酒 1t、糖 1/2t、味精 1/4t、胡椒粉 1/2t、香油 1t、太白粉 3 大 t

醃料

醬油 1t、酒 1t、胡椒粉 1/2t、香油 1t、太白粉 1 大 t

重點提示

羹

1. 雞胸肉順紋切，上漿後用少許油拌勻，汆燙時比較不會黏結成團。
2. 勾芡時，湯汁一定要滾開，粉和水比例為 1:1。
3. 淋蛋汁時不要攪拌，讓蛋汁自然滾開，蛋汁才會成片。

※ 所有材料請依指定刀工切割完成
1. 食材、辛香料依指定刀工切割完成。
2. 雞胸肉醃漬、上漿，過油或汆燙，其餘材料汆燙備用。
3. 高湯 1,000c.c. 入鍋，加入食材和調味料滾開後入太白粉水勾芡後，淋上蛋白待熟透成絲片狀，加烏醋、蔥綠絲拌勻，盛水盤即可。

1 雞絲加調味料醃漬上漿

2 鍋中入水汆燙雞絲

3 雞絲汆燙熟透撈出瀝水

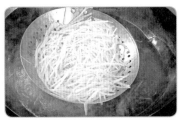

4 汆燙筍絲後撈出瀝水

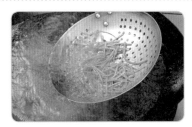

5 汆燙紅蘿蔔絲

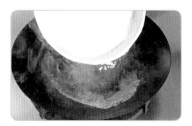

6 鍋中入高湯1,000c.c.

7 湯汁煮開加入材料和調味料

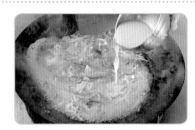

8 鍋中滾開後用太白粉水勾芡成羹狀

9 淋上蛋白，待蛋白熟透後成絲片狀

10 加入烏醋增加香氣和色澤

11 起鍋前加入蔥綠絲拌勻即可盛水盤

12 食材完成圖

炒梳片鮮筍

 材料

乾香菇 2 朵、桶筍 150g、小黃瓜 1 條、紅蘿蔔 1/3 條、蒜頭 10g、大里肌肉 120g、薑 20g

 調味料

鹽 1/4t、酒 1t、糖 1/4t、味精 1/4t、香油 1t、水 1/3 杯

 醃料

醬油 1t、酒 1t、胡椒粉 1/4t、香油 1t、太白粉 1 大 t

重點提示 ★

 炒

1. 大里肌肉汆燙時，盡量用熱水泡熟，不要用滾水煮熟，避免肉片過老。
2. 加工筍酸味比較重，汆燙時間要足夠。
3. 烹調時，動作要快，時間短，火量旺。

※ 所有材料請依指定刀工切割完成
1. 食材、辛香料依指定刀工切割完成。
2. 大里肌肉醃漬、上漿，過油或汆燙，其餘材料汆燙備用。
3. 鍋中入油，將辛香料、香菇片炒香，加入 1/3 杯水和所有材料、調味料快速拌炒均勻，後滴入香油盛盤即可。

1 肉片調味，醃漬上漿

2 用80度熱水將肉片泡熟

3 泡熟的肉片撈出瀝水

4 汆燙蔬菜食材

5 汆燙桶筍片

6 鍋中入油將辛香料和香菇片炒香

7 辛香料炒香後加入桶筍片和調味料

8 調味料煮開後加入肉片拌炒

9 食材加入肉片拌炒後，續加入蔬菜食材快速拌炒均勻

10 食材完成後盛盤

11 食材完成圖

西芹拌豆乾絲

 材 料

洋菜 5g、五香大豆乾 1 塊、西芹 80g、紅蘿蔔 1/3 條、薑 20g、蒜頭 10g

 調味料

鹽 1/4t、白醋 1/4t、糖 1/4t、味精 1/2t、胡椒粉 1/4t、香油 1 大 t

重點提示 ★

涼 拌

1. 洋菜一定要用冷開水浸泡，不能用開水浸泡，避免溶化。
2. 食材汆燙時，在鍋中入少許油，可讓食材較為光亮。
3. 烹調時要注重衛生。

※ 所有材料請依指定刀工切割完成

1. 洋菜 6cm 切段，用礦泉水泡洗瀝乾。
2. 豆乾、西芹、紅蘿蔔、薑依指定刀工（0.2×0.2×6cm）切絲，用開水汆燙並用礦泉水泡涼瀝乾。
3. 將調味料調好，加入作法 1、2 拌勻，盛盤即可。

1 汆燙蔬菜食材

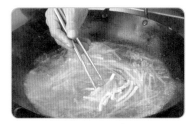

2 加入豆乾絲汆燙

3 所有食材撈出瀝水動作1

4 所有食材撈出瀝水動作2

5 食材撈出和洋菜條用冷開水泡涼

6 所有食材泡涼成品

7 食材加入調味料拌勻

8 盛盤

9 食材完成圖

 **材料清點卡**

302-6 題組 三絲魚捲、焦溜豆腐塊、竹筍炒三絲

1. 菜名與食材切配依據

菜餚 名稱	主要 刀工	烹調法	主材料 類別	材料組合	水花 款式	盤飾 款式
三絲魚捲	絲、雙飛片	蒸	鱸魚	乾香菇、桶筍、紅蘿蔔、薑、鱸魚		參考規格明細
焦溜豆腐塊	塊	焦溜	板豆腐	板豆腐、小黃瓜、紅蘿蔔、薑	參考規格明細	
竹筍炒三絲	絲	炒、爆炒	桶筍	桶筍、紅蘿蔔、青椒、蒜頭、薑、紅辣椒、大里肌肉		

2. 材料明細

名稱	規格描述	重量（數量）	備註
乾香菇	直徑4公分以上	2朵	可於洗鍋具時優先煮水浸泡於乾貨類切割
桶筍	若為空心或軟爛不足需求量，應檢人可反應更換	1.5支	去除筍尖的實心淨肉至少300克，需縱切檢視才分發，烹調時需去酸味
板豆腐	老豆腐，不得有酸味	400克以上	注意保存
青椒	表面平整不皺縮不潰爛	1/2個	120克以上／個
紅蘿蔔	表面平整不皺縮不潰爛	1條	300克以上／條，若為空心須再補發
薑	長段無潰爛	80克	需可切絲、片
蒜頭	飽滿無發芽無潰爛	10克	
紅辣椒	表面平整不皺縮不潰爛	1條	10克以上／條
小黃瓜	不可大彎曲鮮度足	2條	80克以上／條
大黃瓜	表面平整不皺縮不潰爛	1截	6公分長／截
大里肌肉	完整塊狀鮮度足可供橫紋切片、長絲	120克以上	
鱸魚	體形完整鮮度足未處理	1隻	600克以上／隻，非活魚

刀工作品規格卡

302-6 題組　三絲魚捲、焦溜豆腐塊、竹筍炒三絲

1. 菜名與食材切配依據

菜餚名稱	主要刀工	烹調法	主材料類別	材料組合	水花款式	盤飾款式
三絲魚捲	絲、雙飛片	蒸	鱸魚	乾香菇、桶筍、紅蘿蔔、薑、鱸魚		參考規格明細
焦溜豆腐塊	塊	焦溜	板豆腐	板豆腐、小黃瓜、紅蘿蔔、薑	參考規格明細	
竹筍炒三絲	絲	炒、爆炒	桶筍	桶筍、紅蘿蔔、青椒、蒜頭、薑、紅辣椒、大里肌肉		

2. **第一階段繳交刀工作品規格**（係取自菜名與食材切配依據表所示之切配成品，只需取出規格明細表所示之種類數量，每一種類的數量皆至少需有3/4量符合其規定尺寸，其餘作品留待烹調時適量取用）。

   (1) 受評分刀工作品為乾香菇絲、桶筍絲、豆腐塊、青椒絲、紅蘿蔔絲、薑絲、小黃瓜丁、里肌肉絲、魚片、水花片兩款，以配菜盤分類盛裝受評，另加兩種盤飾以2只瓷盤盛裝擺設。

   (2) 規格明細

材料	規格描述（長度單位：公分）	數量	備註
紅蘿蔔水花片兩款	自選1款及指定1款，指定款須參考下列指定圖（形狀大小需可搭配菜餚）厚薄度（0.3~0.4公分）	各6片以上	
配合材料擺出兩種盤飾	下列指定圖3選2	各1盤	
乾香菇絲	寬、高（厚）各為0.2~0.4，長依食材規格	切完	
桶筍絲	寬、高（厚）各為0.2~0.4，長4.0~6.0	切完	兩道菜共用
豆腐塊	邊長2.0~4.0的正方塊	切完	
青椒絲	寬、高（厚）各為0.2~0.4，長4.0~6.0	切完	
紅蘿蔔絲	寬、高（厚）各為0.2~0.4，長4.0~6.0	30克以上	
薑絲	寬、高（厚）各為0.3以下，長4.0~6.0	20克以上	
小黃瓜丁	長、寬、高（厚）各1.5~2.0，滾刀或菱形狀	1條切完	
里肌肉絲	寬、高（厚）各為0.2~0.4，長4.0~6.0	切完	去筋膜
魚片	長4.0~6.0，寬3.0以上，高（厚）0.8~1.2雙飛片	切完	頭尾勿丟棄，成品用

水花及盤飾參考：依指定圖完成，可受公評並獲得普遍認同之美感。

指定水花（擇一）	(1)	(2)	(3)
指定盤飾（擇二） (1) 大黃瓜、紅辣椒 (2) 小黃瓜 (3) 大黃瓜、小黃瓜、紅辣椒	(1)	(2)	(3)

   (3) 無須繳驗部分：菜餚刀工之種類、取量與形狀，除了規格明細之數量外，還包括不須繳驗的部分，請務必依「菜名與食材切配依據」表之食材選用規定種類切配，配合題意之刀工規格切配出合宜的刀工形狀、數量與配色進行烹調。

302-6 題組 三絲魚捲、焦溜豆腐塊、竹筍炒三絲

1. 菜名與食材切配依據

菜餚名稱	主要刀工	烹調法	主材料類別	材料組合	水花款式	盤飾款式
三絲魚捲	絲、雙飛片	蒸	鱸魚	乾香菇、桶筍、紅蘿蔔、薑、鱸魚		參考規格明細
焦溜豆腐塊	塊	焦溜	板豆腐	板豆腐、小黃瓜、紅蘿蔔、薑	參考規格明細	
竹筍炒三絲	絲	炒、爆炒	桶筍	桶筍、紅蘿蔔、青椒、蒜頭、薑、紅辣椒、大里肌肉		

2. 第二階段烹調說明：

請依題意及菜名與食材切配依據表需求自刀工切配作品中適量取用，加入之食材種類不得短少，否則依不符題意處理（即該道菜判定為60分以下），水花則依配色或烹調量需求，需有兩款但各款數量不一定要全加。

(1) 三絲魚捲

烹調規定	1. 魚片捲入香菇絲、紅蘿蔔絲、薑絲、筍絲，連頭尾排盤蒸熟 2. 玻璃芡回淋魚捲
烹調法	蒸
調味規定	以鹽、酒、糖、味精、胡椒粉、香油、太白粉水等調味料自選合宜使用
備註	魚捲不得潰散不成形，湯汁以淡芡為宜，規定材料不得短少

(2) 焦溜豆腐塊

烹調規定	1. 豆腐（沾粉或不沾粉）油炸至上色 2. 以薑片爆香，豆腐與小黃瓜丁、水花片入醬汁焦溜
烹調法	焦溜
調味規定	以醬油、番茄醬、酒、烏醋、糖、胡椒粉、香油等調味料自選合宜使用
備註	豆腐需金黃上色，不破碎，盤底不得有醬汁，規定材料不得短少

(3) 竹筍炒三絲

烹調規定	1. 肉絲需調味上漿，汆燙或過油皆可 2. 以薑絲、蒜末爆香，所有材料調味炒均勻而起
烹調法	炒、爆炒
調味規定	以鹽、酒、糖、味精、胡椒粉、香油、太白粉水等調味料自選合宜使用
備註	油汁不得過多，規定材料不得短少

302-6 題組

★ 三絲魚捲　　　★ 焦溜豆腐塊　　　★ 竹筍炒三絲

指定水花（擇一）

指定盤飾（擇二）

成品圖

材料圖

247

三絲魚捲

🧄 **材料**

乾香菇 2 朵、桶筍 100g、紅蘿蔔 1/3 條、薑 40g、鱸魚 1 隻

🧂 **調味料**

味精 1/2t、鹽 1/4t、酒 1t、糖 1/4t、香油 1t、太白粉水 1t、高湯 1 杯

 醃料

味精 1/4t、鹽 1/6t、胡椒粉 1/6t、太白粉 1t

重點提示 ★

 蒸

1. 取魚片時盡量一刀成形避免魚肉破碎。
2. 蒸魚捲時火要旺，避免魚肉糊爛。
3. 勾琉璃茨時，茨汁不能太稠。
4. 魚捲包好兩邊切整齊外形比較漂亮。

作法 ★

※ 所有材料請依指定刀工切割完成

1. 香菇泡軟切絲、薑切絲備用。桶筍、紅蘿蔔切絲汆燙沖涼瀝乾，將所有材料加入醃料拌勻備用。
2. 鱸魚去頭尾取魚肉，並將魚肉切指定規格雙飛片，用醃料醃漬。
3. 作法 2 捲入作法 1 包成圓形長條狀，頭尾汆燙備用。
4. 取一長盤擺入作法 3 並用頭尾當盤飾，蒸籠水開蒸 10 分鐘取出。
5. 高湯 1 杯加調味料煮開用太白粉水琉璃芡淋在作法 4 即可。

1 魚片加調味料醃漬並抹上少許太白粉

2 鍋中入水汆燙食材

3 食材汆燙撈出用冷水沖涼瀝乾

4 食材加醃料和1t太白粉拌勻

5 魚片包食材捲成圓形條狀過程

6 包好魚捲形狀

7 魚頭魚尾汆燙後和魚捲擺盤

8 將魚捲移入蒸籠水開蒸10分鐘待魚捲熟透取出

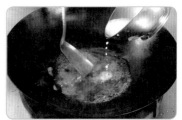

9 鍋中入1杯高湯煮開加調味料用太白粉水勾琉璃芡

10 將芡汁淋在魚捲上

11 食材完成圖

焦溜豆腐塊

 材料

板豆腐 400g、小黃瓜 80g、紅蘿蔔 1/3 條、薑 20g（爆香用）

 調味料

鹽 1/4t、醬油 1 大 t、酒 1t、烏醋 1t、糖 1/4t、味精 1/4t、胡椒粉 1/4t、香油 1t、太白粉 1 大 t、高湯 1 杯

重點提示
★

焦溜

1. 豆腐入鍋炸前，水分要吸乾，避免產生油爆。
2. 食材在鍋內炸時，前 10 秒鐘不要攪拌，避免食材外表破損。
3. 烹調時不要有湯汁。

※ 所有材料請依指定刀工切割完成

1. 板豆腐切 2×4cm 切好用紙巾吸乾水分，入油鍋內炸酥脆呈金黃色，取出瀝油。

2. 其餘材料依指定刀工完成後汆燙，辛香料切片。

3. 辛香料爆香，加入 1 杯水或高湯、調味料和作法 2 煮開勾芡，再加入豆腐塊及香油快速拌勻即成。

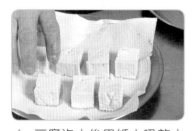

1 豆腐泡水後用紙巾吸乾水分

2 油鍋燒熱170度將豆腐放入油鍋內炸

3 將豆腐炸至外表酥脆呈金黃色撈出瀝油

4 小黃瓜入油鍋內過油殺青

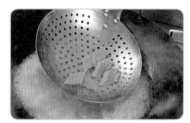

5 水花片汆燙撈出瀝水

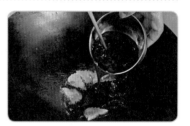

6 鍋中入油將薑片炒香加入調味料和1杯水

7 湯汁煮開加入副材料

8 食材煮開後用太白粉水勾琉璃芡

9 鍋中加入豆腐塊、香油快速拌勻後盛盤

10 食材完成圖

竹筍炒三絲

材料
桶筍 100g、紅蘿蔔 1/3 條、青椒 60g、薑 20g、紅辣椒 1 條、大里肌肉 60g、蒜頭 10g

調味料
鹽 1/4t、酒 1t、糖 1/4t、味精 1/4t、香油 1t、高湯 1/3 杯

醃料
醬油 1/2t、胡椒粉 1/4t、香油 1t、酒 1/2t、太白粉 1 大 t

重點提示

炒
1. 食材切割時要注重刀工和食材習性。
2. 大里肌肉逆紋切，上漿後用少許油拌勻，汆燙時比較不會黏結成團。
3. 烹調時，動作快，時間短，火要旺。

※ 所有材料請依指定刀工切割完成
1. 食材、辛香料依指定刀工完成。
2. 大里肌肉用醃料醃漬、上漿,過油或汆燙,食材汆燙。
3. 辛香料爆香,加入 1/3 杯高湯,放入作法 1、2 和調味料快速拌抄後加入香油即成。

1 汆燙蔬菜類食材

2 蔬菜類食材汆燙完成

3 汆燙肉絲

4 鍋中入油爆香辛香料

5 將所有食材倒入鍋中

6 加入調味料拌炒

7 盛盤

8 食材完成圖

302-7 題組 薑味麻油肉片、醬燒煎鮮魚、竹筍炒肉丁

1. 菜名與食材切配依據

菜餚名稱	主要刀工	烹調法	主材料類別	材料組合	水花款式	盤飾款式
薑味麻油肉片	片	煮	大里肌肉	薑、紅蘿蔔、杏鮑菇、大里肌肉	參考規格明細	參考規格明細
醬燒煎鮮魚	絲	煎、燒	吳郭魚	蔥、薑、紅辣椒、蒜頭、吳郭魚		
竹筍炒肉丁	丁	炒、爆炒	桶筍	乾香菇、桶筍、青椒、紅蘿蔔、紅辣椒、蒜頭、大里肌肉		

2. 材料明細

名稱	規格描述	重量（數量）	備註
乾香菇	直徑4公分以上	2朵	可於洗鍋具時優先煮水浸泡於乾貨類切割
桶筍	若為空心或軟爛不足需求量，應檢人可反應更換	1支	去除筍尖的實心淨肉至少200克，需縱切檢視才分發，烹調時需去酸味
杏鮑菇	形大結實飽滿	1支	100克以上／支
薑	長段無潰爛	120克	不宜細條，需可供切絲、水花片
紅蘿蔔	表面平整不皺縮不潰爛	1條	300克以上／條，若為空心須再補發
紅辣椒	表面平整不皺縮不潰爛	2條	10克以上／條
青椒	表面平整不皺縮不潰爛	1/2個	120克以上／個
蔥	青翠新鮮	20克	
蒜頭	飽滿無發芽無潰爛	20克	
小黃瓜	不可大彎曲鮮度足	2條	80克以上／條
大黃瓜	表面平整不皺縮不潰爛	1截	6公分長／截
大里肌肉	完整塊狀鮮度足可供橫紋切片、丁	500克以上	
吳郭魚	體形完整鮮度足未處理	1隻	600克以上／隻，非活魚

刀工作品規格卡

302-7 題組 薑味麻油肉片、醬燒煎鮮魚、竹筍炒肉丁

1. 菜名與食材切配依據

菜餚名稱	主要刀工	烹調法	主材料類別	材料組合	水花款式	盤飾款式
薑味麻油肉片	片	煮	大里肌肉	薑、紅蘿蔔、杏鮑菇、大里肌肉	參考規格明細	參考規格明細
醬燒煎鮮魚	絲	煎、燒	吳郭魚	蔥、薑、紅辣椒、蒜頭、吳郭魚		
竹筍炒肉丁	丁	炒、爆炒	桶筍	乾香菇、桶筍、青椒、紅蘿蔔、紅辣椒、蒜頭、大里肌肉		

2. 第一階段繳交刀工作品規格（係取自菜名與食材切配依據表所示之切配成品，只需取出規格明細表所示之種類數量，每一種類的數量皆至少需有3/4量符合其規定尺寸，其餘作品留待烹調時適量取用）。

(1) 受評分刀工作品為筍丁、杏鮑菇片、薑絲、紅辣椒絲、青椒丁、紅蘿蔔丁、里肌肉片、里肌肉丁、水花片兩款，以配菜盤分類盛裝受評，另加兩種盤飾以2只瓷盤盛裝擺設。

(2) 規格明細

材料	規格描述（長度單位：公分）	數量	備註
紅蘿蔔水花片	指定1款，指定款須參考下列指定圖（形狀大小需可搭配菜餚）厚薄度（0.3~0.4公分）	6片以上	
薑水花片	自選1款厚薄度（0.3~0.4公分）	6片以上	
配合材料擺出兩種盤飾	下列指定圖3選2	各1盤	
筍丁	長、寬、高（厚）各0.8~1.2	切完	
杏鮑菇片	長4.0~6.0，寬2.0~4.0，高（厚）0.4~0.6	切完	
薑絲	寬、高（厚）各為0.3以下，長4.0~6.0	20克以上	
紅辣椒絲	寬、高（厚）各為0.3以下，長4.0~6.0	1條切完	
青椒丁	長、寬各0.8~1.2，高（厚）依食材規格	切完	
紅蘿蔔丁	長、寬、高（厚）各0.8~1.2	40克以上	
里肌肉丁	長、寬、高（厚）各0.8~1.2	100克以上	去筋膜
里肌肉片	長4.0~6.0，寬2.0~4.0，高（厚）0.4~0.6	300克以上	去筋膜

水花及盤飾參考：依指定圖完成，可受公評並獲得普遍認同之美感。

指定水花（擇一）	(1)	(2)	(3)
指定盤飾（擇二） (1) 大黃瓜、紅辣椒 (2) 大黃瓜 (3) 大黃瓜、小黃瓜、紅辣椒	(1)	(2)	(3)

(3) 無須繳驗部分：菜餚刀工之種類、取量與形狀，除了規格明細之數量外，還包括不須繳驗的部分，請務必依「菜名與食材切配依據」表之食材選用規定種類切配，配合題意之刀工規格切配出合宜的刀工形狀、數量與配色進行烹調。

302-7 題組　薑味麻油肉片、醬燒煎鮮魚、竹筍炒肉丁

1. 菜名與食材切配依據

菜餚名稱	主要刀工	烹調法	主材料類別	材料組合	水花款式	盤飾款式
薑味麻油肉片	片	煮	大里肌肉	薑、紅蘿蔔、杏鮑菇、大里肌肉	參考規格明細	參考規格明細
醬燒煎鮮魚	絲	煎、燒	吳郭魚	蔥、薑、紅辣椒、蒜頭、吳郭魚		
竹筍炒肉丁	丁	炒、爆炒	桶筍	乾香菇、桶筍、青椒、紅蘿蔔、紅辣椒、蒜頭、大里肌肉		

2. 第二階段烹調說明：

請依題意及菜名與食材切配依據表需求自刀工切配作品中適量取用，加入之食材種類不得短少，否則依不符題意處理（即該道菜判定為60分以下），水花則依配色或烹調量需求，需有兩款但各款數量不一定要全加。

(1) 薑味麻油肉片

烹調規定	1. 肉片需調味上漿、汆燙或過油皆可 2. 以麻油、薑水花爆香，適量湯汁、調味料及適量之紅蘿蔔水花與配料合煮成菜
烹調法	煮
調味規定	以鹽、酒、糖、味精、胡椒粉、麻油等調味料自選合宜使用
備註	以27公分水盤盛裝，湯汁達容器1/3，表面可飄浮著麻油，規定材料不得短少

(2) 醬燒煎鮮魚

烹調規定	1. 將魚煎熟而上色（不得油炸） 2. 以蔥段、薑絲、蒜片、紅辣椒絲爆香與魚燒而入味
烹調法	煎、燒
調味規定	以鹽、醬油、酒、烏醋、糖、味精、胡椒粉、香油等調味料自選合宜使用
備註	魚脫皮不得大於1/8面積（不包含兩側魚背部自然爆裂處），魚身不得破碎，須有適量燒汁，不得黏稠結塊，規定材料不得短少

(3) 竹筍炒肉丁

烹調規定	1. 肉丁需調味上漿、汆燙或過油皆可 2. 以蒜片爆香，入所有材料炒成菜
烹調法	炒、爆炒
調味規定	以鹽、酒、糖、味精、胡椒粉、香油、太白粉水等調味料自選合宜使用
備註	桶筍需去酸味，規定材料不得短少

302-7 題組

★ 薑味麻油肉片　　　★ 醬燒煎鮮魚　　　★ 竹筍炒肉丁

指定水花（擇一）

指定盤飾（擇二）

薑味麻油肉片

 材料

薑 80g、紅蘿蔔 1/2 條、杏鮑菇 100g、大里肌肉 500g

 調味料

酒 200c.c.、高湯 600c.c.、鹽 1/4t、糖 2 大 t、胡麻油 2 大 t

 醃料

醬油 1t、鹽 1/6t、胡椒粉 1/4t、香油 1t、酒 1t、太白粉 2t

重點提示 ★

 煮

1. 胡麻油炒薑片時用小火爆香,避免胡麻油變苦。
2. 烹煮肉片時盡量用文火,避免肉片變老。
3. 酒可在起鍋前在加這樣比較有香氣。
4. 肉片事先加調味料醃漬上漿。

※ 所有材料請依指定刀工切割完成

1. 大里肌肉依指定刀工切片醃漬上漿汆燙備用，杏鮑菇依指定刀工切片汆燙備用，紅蘿蔔切水花片汆燙備用。

2. 薑切水花片。

3. 鍋中入胡麻油將薑水花片炒香，加入酒 200c.c. 和 2.5 杯水，待湯汁煮開後加入調味料和作法 1 再煮開即可。

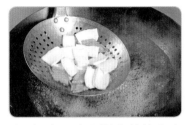

1 鍋中入水汆燙水花片和杏鮑菇片

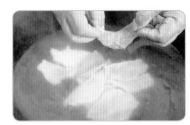

2 鍋中入水汆燙肉片

3 肉片汆燙至熟撈出瀝水

4 鍋中入胡麻油

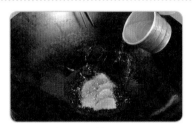

5 鍋中加入薑片炒香後加 200c.c.和2.5杯水

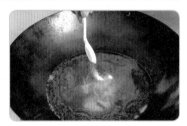

6 湯汁煮開加調味料

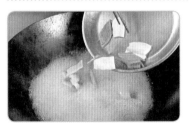

7 湯鍋加入副材料煮開

8 副材料煮開後加入肉片再次煮開

9 食材完成後用水盤盛出

10 食材完成圖

醬燒煎鮮魚

🧄 **材料**

吳郭魚 1 隻、蔥 20g、薑 20g、紅辣椒 1 條、蒜頭 10g

🧂 **調味料**

鹽 1/6t、味精 1/2t、醬油 2 大 t、酒 1t、烏醋 1t、糖 1/4t、香油 1t、高湯 1.5 杯

重點提示 ★

煎

1. 煎魚時食材定要擦乾,避免煎時產生油爆。
2. 煎魚時,食材未定形前不動它,避免食材外形破損。
3. 煎魚時,油不要太多,避免容易產生油爆。

※ 所有材料請依指定刀工切割完成
1. 蔥切段、薑切絲、紅辣椒切絲、蒜切片。
2. 吳郭魚處理乾淨,背部劃刀,水分擦乾。
3. 炒鍋燒熱,倒入 1/3 杯油燒熱,將魚放入鍋中,煎至熟透兩面呈琥珀色。
4. 作法 1 炒香先撈出加入調味料和 1.5 杯水煮開,放入作法 3 燜煮,食材入味軟嫩取出盛皿,並將辛香料回鍋煮開淋在食材上即可。

1 將炒鍋燒熱入油再燒熱

2 食材用紙巾將水分吸乾

3 將食材放入鍋中煎

4 食材煎至熟透外表酥脆不焦黑

5 食材翻面煎,同樣煎至熟透外表酥脆不焦黑盛出

6 辛香料炒香盛出加入調味料和1.5杯水

7 湯汁煮開將魚入鍋中燜煮入味

8 食材燜煮入味後盛盤

9 湯汁加入炒香過的辛香料煮開

10 將辛香料和湯汁淋在食材上即可

11 食材完成圖

竹筍炒肉丁

🧄 材料

乾香菇 2 朵、桶筍 200g、青椒 60g、紅蘿蔔 40g、紅辣椒 1 條、蒜頭 10g、大里肌肉 120g

🧂 調味料

鹽 1/4t、酒 1t、糖 1/4t、味精 1/4t、香油 1t、水 1/3 杯

🍶 醃料

醬油 1/2t、酒 1t、胡椒粉 1/4t、香油 1t、太白粉 1 大 t

重點提示 ★

爆 炒

1. 加工筍酸味重,汆燙時間拉長可去除酸味。
2. 肉丁上漿汆燙前,加入少許油攪拌,可避免汆燙時黏結成團。
3. 烹調時,動作快,時間短,火要旺,成品盡量不要有湯汁。

※ 所有材料請依指定刀工切割完成
1. 食材依指定刀工完成，其餘材料汆燙備用，辛香料切片。
2. 大里肌肉用醃料醃漬、上漿，過油或汆燙。
3. 鍋中入油爆香辛香料，放入作法 1 加入調味料、1/3 杯水，快速拌炒均勻後再加入肉丁拌炒，起鍋前加入青椒丁拌炒即可。

1 鍋中入水汆燙紅蘿蔔丁

2 紅蘿蔔丁熟透撈出瀝水

3 肉丁加調味料醃漬上漿

4 鍋中入水汆燙肉丁

5 肉丁熟透撈出瀝水

6 汆燙筍丁

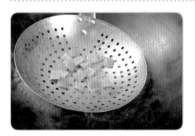

7 汆燙青椒丁

8 鍋中入油將辛香料炒香

9 辛香料炒香加入副材料和香菇丁並加入調味料和1/3杯水

10 湯汁煮開後加肉丁拌炒

11 起鍋前加入青椒丁拌炒均勻盛盤

12 食材完成圖

材料清點卡

302-8 題組 豆薯炒豬肉鬆、麻辣溜雞丁、香菇素燴三色

1. 菜名與食材切配依據

菜餚名稱	主要刀工	烹調法	主材料類別	材料組合	水花款式	盤飾款式
豆薯炒豬肉鬆	鬆	炒	豆薯、大里肌肉	乾香菇、桶筍、豆薯、紅蘿蔔、芹菜、蒜頭、大里肌肉		參考規格明細
麻辣溜雞丁	丁	滑溜	仿雞腿	乾辣椒、花椒粒、小黃瓜、蔥、薑、蒜頭、仿雞腿		
香菇素燴三色	片	燴	乾香菇	乾香菇、豆乾、桶筍、紅蘿蔔、西芹、薑	參考規格明細	

2. 材料明細

名稱	規格描述	重量（數量）	備註
乾辣椒	條狀無霉味	8條	
乾香菇	直徑4公分以上	7朵	可於洗鍋具時優先煮水浸泡於乾貨類切割
桶筍	若為空心或軟爛不足需求量，應檢人可反應更換	1支	去除筍尖的實心淨肉至少200克，需縱切檢視才分發
五香大豆乾	完整塊狀鮮度足無酸味	1/2塊	厚度2.0公分以上
豆薯	鮮度足無潰爛	1/4個約100克	買不到的地區以荸薺7個取代
芹菜	新鮮飽滿	40克	
蔥	青翠新鮮	20克	
薑	長段無潰爛	60克	不宜細條，需可供切水花片
紅辣椒	表面平整不皺縮不潰爛	1條	10克以上／條
小黃瓜	不可大彎曲鮮度足	2條	80克以上／條
大黃瓜	表面平整不皺縮不潰爛	1截	6公分長／截
紅蘿蔔	表面平整不皺縮不潰爛	1條	300克以上／條，若為空心須再補發
蒜頭	飽滿無發芽無潰爛	20克	
西芹	整把分單支發放	1單支	80克以上／支
大里肌肉	完整塊狀鮮度足	150克	切割時去筋膜
仿雞腿	L腿鮮度足	1支	300克以上／支

302-8 題組　豆薯炒豬肉鬆、麻辣溜雞丁、香菇素燴三色

1. 菜名與食材切配依據

菜餚名稱	主要刀工	烹調法	主材料類別	材料組合	水花款式	盤飾款式
豆薯炒豬肉鬆	鬆	炒	豆薯、大里肌肉	乾香菇、桶筍、豆薯、紅蘿蔔、芹菜、蒜頭、大里肌肉		參考規格明細
麻辣溜雞丁	丁	滑溜	仿雞腿	乾辣椒、花椒粒、小黃瓜、蔥、薑、蒜頭、仿雞腿		
香菇素燴三色	片	燴	乾香菇	乾香菇、豆乾、桶筍、紅蘿蔔、西芹、薑	參考規格明細	

2. **第一階段繳交刀工作品規格**（係取自菜名與食材切配依據表所示之切配成品，只需取出規格明細表所示之種類數量，每一種類的數量皆至少需有3/4量符合其規定尺寸，其餘作品留待烹調時適量取用）。

   (1) 受評分刀工作品為乾香菇片、豆乾片、筍片、筍鬆、豆薯鬆、紅蘿蔔鬆、小黃瓜丁、西芹片、雞腿丁、水花片兩款，以配菜盤分類盛裝受評，另加兩種盤飾以2只瓷盤盛裝擺設。

   (2) 規格明細

材料	規格描述（長度單位：公分）	數量	備註
紅蘿蔔水花片	指定1款，指定款須參考下列指定圖（形狀大小需可搭配菜餚）厚薄度（0.3~0.4公分）	6片以上	
薑水花片	自選1款厚薄度（0.3~0.4公分）	6片以上	
配合材料擺出兩種盤飾	下列指定圖3選2	各1盤	
乾香菇片	復水去蒂，斜切，寬2.0~4.0、長度及高（厚）依食材規格	5朵	
豆乾片	長4.0~6.0，寬2.0~4.0，高（厚）0.4~0.6	切完	
筍片	長4.0~6.0，寬2.0~4.0，高（厚）0.2~0.4，可切菱形片	10片以上	
筍鬆	長、寬、高（厚）各0.1~0.3，整齊刀工	40克以上	
豆薯鬆	長、寬、高（厚）各0.1~0.3，整齊刀工	切完	
紅蘿蔔鬆	長、寬、高（厚）各0.1~0.3，整齊刀工	30克以上	
小黃瓜丁	長、寬、高（厚）各1.5~2.0，滾刀或菱形狀	連盤飾切完	
西芹片	長3.0~5.0，寬2.0~4.0，高（厚）依食材規格，可切菱形片	1支切完	
雞腿丁	去骨取肉，長、寬、高（厚）各1.5~2.0	切完	

水花及盤飾參考：依指定圖完成，可受公評並獲得普遍認同之美感。

指定水花（擇一）	(1)	(2)	(3)
指定盤飾（擇二） (1) 大黃瓜、小黃瓜、紅辣椒 (2) 紅蘿蔔 (3) 大黃瓜	(1)	(2)	(3)

   (3) 無須繳驗部分：菜餚刀工之種類、取量與形狀，除了規格明細之數量外，還包括不須繳驗的部分，請務必依「菜名與食材切配依據」表之食材選用規定種類切配，配合題意之刀工規格切配出合宜的刀工形狀、數量與配色進行烹調。

302-8 題組 豆薯炒豬肉鬆、麻辣溜雞丁、香菇素燴三色

1. 菜名與食材切配依據

菜餚名稱	主要刀工	烹調法	主材料類別	材料組合	水花款式	盤飾款式
豆薯炒豬肉鬆	鬆	炒	豆薯、大里肌肉	乾香菇、桶筍、豆薯、紅蘿蔔、芹菜、蒜頭、大里肌肉		參考規格明細
麻辣溜雞丁	丁	滑溜	仿雞腿	乾辣椒、花椒粒、小黃瓜、蔥、薑、蒜頭、仿雞腿		
香菇素燴三色	片	燴	乾香菇	乾香菇、豆乾、桶筍、紅蘿蔔、西芹、薑	參考規格明細	

2. 第二階段烹調說明：

請依題意及菜名與食材切配依據表需求自刀工切配作品中適量取用，加入之食材種類不得短少，否則依不符題意處理（即該道菜判定為60分以下），水花則依配色或烹調量需求，需有兩款但各款數量不一定要全加。

(1) 豆薯炒豬肉鬆

烹調規定	1. 豬肉鬆調味上漿，汆燙或過油皆可 2. 以蒜末爆香，所有鬆狀材料配色調味炒香成鬆菜
烹調法	炒
調味規定	以鹽、醬油、酒、糖、味精、胡椒粉、香油等調味料自選合宜使用
備註	不得油膩濕軟、結糰，豬肉量須占成品1/2以上，規定材料不得短少

(2) 麻辣溜雞丁

烹調規定	1. 雞丁需調味上漿，汆燙或過油皆可 2. 以花椒粒、蔥段、薑片、蒜片、乾辣椒爆香，配製脆溜汁，與所有材料做成溜菜
烹調法	滑溜
調味規定	以醬油、鹽、酒、烏醋、糖、味精、胡椒粉、香油、太白粉水等調味料自選合宜使用
備註	滑溜菜的外觀，盤上菜餚邊緣有少許稍濃的醬汁，不可呈燴菜狀（汁太多）或濃縮出油，規定材料不得短少

(3) 香菇素燴三色

烹調規定	以薑水花片爆香，續炒香菇，下所有材料及紅蘿蔔水花燴煮
烹調法	燴
調味規定	以鹽、醬油、酒、糖、烏醋、味精、胡椒粉、香油、太白粉水等調味料自選合宜地使用
備註	配色均勻，需有燴汁，規定材料不得短少

302-8 題組

★ 豆薯炒豬肉鬆　　　★ 麻辣溜雞丁　　　★ 香菇素燴三色

指定水花（擇一）

指定盤飾（擇二）

豆薯炒豬肉鬆

材料

乾香菇 3 朵、桶筍 100g、豆薯 100g、紅蘿蔔 1/2 條、芹菜 40g、蒜頭 10g、大里肌肉 150g

調味料

鹽 1/4t、酒 1t、糖 1/4t、味精 1/4t、胡椒粉 1/4t、香油 1t、水 1/3 杯

醃 料

醬油 1t、酒 1t、胡椒粉 1/4t、香油 1t、太白粉 1 大 t

重點提示

炒

1. 所有食材一定要切米粒狀，除了豆薯、芹菜、香菇，其他食材汆燙。
2. 豆薯直接炒，比較有脆感，而香菇直接炒，香氣才會呈現出來。
3. 烹調時需快速拌炒，而且不能有湯汁。

※ 所有材料請依指定刀工切割完成
1. 食材、辛香料依指定刀工完成。
2. 大里肌肉加入醃料醃漬上漿，汆燙撈起。桶筍、紅蘿蔔用水汆燙。
3. 鍋中入油，將蒜末爆香後入香菇、豆薯炒香，放入作法 2 並加入調味料、芹菜末拌炒均勻，起鍋前加入胡椒粉、香油即可。

1 肉粒調味，醃漬上漿

2 豆薯、芹菜末除外，將其他蔬菜汆燙，撈起

3 肉粒汆燙至熟，撈起

4 鍋中入油，將辛香料爆香

5 辛香料爆香後，加入豆薯、香菇粒炒香

6 加入所有食材拌炒

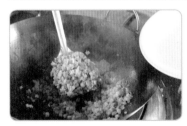

7 加入調味料，快速拌炒均勻

8 成品盛盤

9 食材完成圖

麻辣溜雞丁

🧄 **材料**

乾辣椒 8 條、花椒粒 5g、小黃瓜 2 條、蒜頭 10g、仿雞腿 1 支 300g 以上、蔥 20g、薑 30g

🧂 **調味料**

醬油 1t、鹽 1/6t、酒 1t、糖 1/4t、味精 1/4t、胡椒粉 1/4t、香油 1t、太白粉 1 大 t、水 3/4 杯

🍶 **醃料**

醬油 1t、胡椒粉 1/4t、香油 1t、酒 1t、太白粉 1 大 t

重點提示 ★

滑溜

1. 仿雞腿去骨後,先將腿肉組織切斷,再切丁,避免烹調時縮成一團。
2. 炒乾辣椒和花椒時,一定要用小火,避免燒焦。
3. 芡汁成半流動而稍濃的狀態。

※ 所有材料請依指定刀工切割完成

1. 食材、辛香料依指定刀工完成。
2. 雞丁加入醃料醃漬、上漿拌乾粉，油鍋燒熱 160 度將雞丁炸熟起鍋前入小黃瓜丁殺青。
3. 鍋中入油將乾辣椒、花椒粒、辛香料爆香，加入調味料和 3/4 杯水煮開後入雞丁，快速拌炒均勻，再加入胡椒粉、香油即可。

1 食材加調味料蛋汁醃漬

2 食材醃漬上漿後沾乾粉

3 鍋中入水煮開將小黃瓜殺青

4 調製調味料

5 油鍋燒熱160度將雞丁入油鍋內炸

6 雞丁炸熟外表酥脆加入小黃瓜炸熟撈出瀝油

7 鍋中入油將辛香料炒香並加入調味料

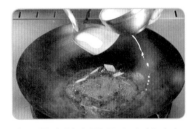

8 調味料煮開用太白粉水勾琉璃芡

9 芡汁加入所有食材拌勻

10 食材拌勻後盛盤

11 食材完成圖

香菇素燴三色

🧄 材料
乾香菇 4 朵、桶筍 100g、紅蘿蔔 1/2 條、西芹 80g、薑 30g、五香大豆乾 1/2 塊

🧂 調味料
鹽 1/4t、酒 1t、糖 1/4t、味精 1/4t、香油 1t、太白粉 1 大 t

重點提示 ★

燴

1. 此為素菜，所以辛香料只能用薑和辣椒。
2. 烹調時一定要有湯汁，而且要勾琉璃芡。

※ 所有材料請依指定刀工切割完成
1. 所有食材依指定刀工完成，汆燙後撈出用冷水沖涼瀝乾。
2. 薑切水花片。
3. 鍋中入油，放入薑水花片炒香，加 1.5 杯高湯和調味料、所有食材煮開，勾琉璃茨後淋上香油即可。

1 鍋中入水汆燙食材1水花片、筍片

2 鍋中入水汆燙食材2五香大豆乾、西芹

3 食材汆燙後撈出

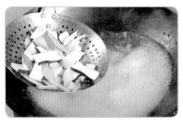

4 食材撈出用冷水沖涼瀝乾

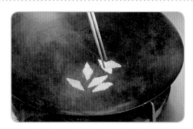

5 鍋中入油將薑片炒香

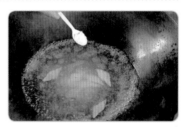

6 辛香料炒香後加高湯1.5杯並加入調味料

7 將所有食材放入鍋中烹煮滾開後用太白粉水勾琉璃茨後盛深盤

8 食材完成圖

材料清點卡

302-9 題組 鹹蛋黃炒薯條、燴素什錦、脆溜荔枝肉

1. 菜名與食材切配依據

菜餚名稱	主要刀工	烹調法	主材料類別	材料組合	水花款式	盤飾款式
鹹蛋黃炒薯條	條	炸、拌炒	馬鈴薯	鹹蛋黃、馬鈴薯、蔥、蒜頭		參考規格明細
燴素什錦	片	燴	桶筍	麵筋泡、桶筍、五香大豆乾、紅蘿蔔、乾香菇、薑	參考規格明細	
脆溜荔枝肉	剞刀厚片	脆溜	大里肌肉	紅糟醬、荸薺、蒜頭、青椒、大里肌肉		

2. 材料明細

名稱	規格描述	重量（數量）	備註
乾香菇	直徑4公分以上	2朵	可於洗鍋具時優先煮水浸泡於乾貨類切割
麵筋泡	效期內	12個	（可以不洗）
桶筍	若為空心或軟爛不足需求量，應檢人可反應更換	1/2支	去除筍尖的實心淨肉至少100克，需縱切檢視才分發，烹調時需去酸味
五香大豆乾	完整塊狀鮮度足無酸味	1/2塊	厚度2.0公分以上
鹹蛋黃	不得異味	2個	洗好蒸籠後上蒸
馬鈴薯	無芽眼、潰爛	2個	150克以上／個
蔥	新鮮飽滿	50克	
蒜頭	飽滿無發芽無潰爛	20克	
紅蘿蔔	表面平整不皺縮不潰爛	1條	300克以上／條，若為空心須再補發
薑	長段無潰爛	60克	不宜細條，需可供切水花片
荸薺	去皮鮮度足無潰爛	100克	約6個以上
青椒	表面平整不皺縮不潰爛	1/2個	120克以上／個
紅辣椒	表面平整不皺縮不潰爛	1條	10克以上／條
小黃瓜	不可大彎曲鮮度足	1條	80克以上／條
大黃瓜	表面平整不皺縮不潰爛	1截	6公分長／截
大里肌肉	完整一段可橫紋切大厚片	300克	

刀工作品規格卡

302-9 題組　鹹蛋黃炒薯條、燴素什錦、脆溜荔枝肉

1. 菜名與食材切配依據

菜餚名稱	主要刀工	烹調法	主材料類別	材料組合	水花款式	盤飾款式
鹹蛋黃炒薯條	條	炸、拌炒	馬鈴薯	鹹蛋黃、馬鈴薯、蔥、蒜頭		參考規格明細
燴素什錦	片	燴	桶筍	麵筋泡、桶筍、五香大豆乾、紅蘿蔔、乾香菇、薑	參考規格明細	
脆溜荔枝肉	剞刀厚片	脆溜	大里肌肉	紅糟醬、荸薺、蒜頭、青椒、大里肌肉		

2. 第一階段繳交刀工作品規格（係取自菜名與食材切配依據表所示之切配成品，只需取出規格明細表所示之種類數量，每一種類的數量皆至少需有3/4量符合其規定尺寸，其餘作品留待烹調時適量取用）。

   (1) 受評分刀工作品為乾香菇片、筍片、豆乾片、馬鈴薯條、蔥花、蒜末、青椒片、荔枝肉球、水花片兩款，以配菜盤分類盛裝受評，另加兩種盤飾以2只瓷盤盛裝擺設。

   (2) 規格明細

材料	規格描述（長度單位：公分）	數量	備註
紅蘿蔔水花片	指定1款，指定款須參考下列指定圖（形狀大小需可搭配菜餚）厚薄度（0.3~0.4公分）	6片以上	
薑水花片	自選1款厚薄度（0.3~0.4公分）	6片以上	
配合材料擺出兩種盤飾	下列指定圖3選2	各1盤	
乾香菇片	復水去蒂，斜切，寬2.0~4.0、長度及高（厚）依食材規格	切完	
筍片	長4.0~6.0，寬2.0~4.0，高（厚）0.2~0.4，可切菱形片	10片以上	
豆乾片	長4.0~6.0，寬2.0~4.0，高（厚）0.4~0.6	切完	
馬鈴薯條	寬、高（厚）各為0.5~1.0，長4.0~6.0	切完	
蔥花	長、寬、高（厚）各為0.2~0.4	30克	
蒜末	直徑0.3以下碎末	5克以上	
青椒片	長3.0~5.0，寬2.0~4.0，高（厚）依食材規格，可切菱形片	切完	
荔枝肉球	剞切菊花花刀間隔為0.5~1.0	切完	去筋膜

   水花及盤飾參考：依指定圖完成，可受公評並獲得普遍認同之美感。

指定水花（擇一）	(1)	(2)	(3)
指定盤飾（擇二） (1) 大黃瓜、小黃瓜、紅辣椒 (2) 大黃瓜 (3) 大黃瓜、紅辣椒	(1)	(2)	(3)

   (3) 無須繳驗部分：菜餚刀工之種類、取量與形狀，除了規格明細之數量外，還包括不須繳驗的部分，請務必依「菜名與食材切配依據」表之食材選用規定種類切配，配合題意之刀工規格切配出合宜的刀工形狀、數量與配色進行烹調。

302-9 題組 鹹蛋黃炒薯條、燴素什錦、脆溜荔枝肉

1. 菜名與食材切配依據

菜餚 名稱	主要 刀工	烹調法	主材料 類別	材料組合	水花 款式	盤飾 款式
鹹蛋黃炒薯條	條	炸、拌炒	馬鈴薯	鹹蛋黃、馬鈴薯、蔥、蒜頭		參考規格 明細
燴素什錦	片	燴	桶筍	麵筋泡、桶筍、五香大豆乾、紅蘿蔔、乾香菇、薑	參考規 格明細	
脆溜荔枝肉	剞刀厚片	脆溜	大里肌肉	紅糟醬、荸薺、蒜頭、青椒、大里肌肉		

2. 第二階段烹調說明：

請依題意及菜名與食材切配依據表需求自刀工切配作品中適量取用，加入之食材種類不得短少，否則依不符題意處理（即該道菜判定為60分以下），水花則依配色或烹調量需求，需有兩款但各款數量不一定要全加。

(1) 鹹蛋黃炒薯條

烹調規定	1. 薯條沾麵糊，炸至酥脆 2. 將鹹蛋黃炒散，以蒜末、蔥花爆香，拌合薯條
烹調法	炸、拌炒
調味規定	以鹽、酒、糖、味精、香油、麵粉、太白粉、地瓜粉、泡達粉、油等調味料自選合宜使用
備註	1. 蒸籠洗淨後，可先將蛋黃蒸熟 2. 拌合後鹹蛋黃末須包裹附於薯條表面，規定材料不得短少

(2) 燴素什錦

烹調規定	以薑水花片爆香，下所有材料（含紅蘿蔔水花）勾燴芡而起
烹調法	燴
調味規定	以鹽、醬油、酒、烏醋、白醋、糖、味精、胡椒粉、香油、太白粉水等調味料自選合宜使用
備註	需有燴汁，規定材料不得短少

(3) 脆溜荔枝肉

烹調規定	1. 肉片調味紅糟後，沾乾粉炸熟 2. 以蒜片爆香，入調味汁，勾包芡，下配料拌合而起
烹調法	脆溜
調味規定	紅糟、醬油、鹽、酒、番茄醬、白醋、糖、味精、胡椒粉、香油、太白粉水、麵粉、太白粉、地瓜粉等料自選合宜使用
備註	為球狀或微為捲球（筒）狀，盤中不得有過多的醬汁積留，規定材料不得短少

302-9 題組

★ 鹹蛋黃炒薯條　　　★ 燴素什錦　　　★ 脆溜荔枝肉

成品圖

材料圖

指定水花（擇一）

指定盤飾（擇二）

277

鹹蛋黃炒薯條

 材料
鹹蛋黃 2 個、馬鈴薯 2 個、蔥 50g、蒜頭 10g

調味料
鹽 1/6t、味精 1/4t、胡椒粉 1/4t

 醃料
酒 1/2t

麵糊
麵粉 1 杯、太白粉 1/3 杯、雞蛋 1 個、泡達粉 1/2t、沙拉油 100c.c.、水 0.6~0.8 杯

重點提示 ★

拌炒
1. 薯條可先汆燙去除表面澱粉再炸，外表色澤會比較鮮豔。
2. 鹹蛋黃記得壓碎，用小火炒至起泡沫使香氣溢出。
3. 烹調時，記得要拌炒均勻。

※ 所有材料請依指定刀工切割完成

1. 馬鈴薯削皮洗淨切長條狀，蒜頭去膜切末，蔥洗淨切蔥花，鹹蛋黃醃酒蒸 10 分鐘、搗碎。

2. 馬鈴薯條汆燙後，拌乾粉。

3. 炒鍋倒入 4 分滿沙拉油，油溫 160 度，將作法 2 沾麵糊入油鍋，炸至酥脆呈金黃色熟透。

4. 炒鍋加 2t 沙拉油，炒香鹹蛋黃，炒至起泡加入蒜末炒香後，加蔥花、馬鈴薯條，再加入調味料拌之即成。

1 麵粉1杯、太白粉1/3杯、雞蛋1個、油100c.c.、泡達粉1/2t、水0.6~0.8杯

2 麵糊調製過程

3 麵糊加水調製過程至麵糊完成

4 薯條入鍋中汆燙1分鐘撈出瀝水

5 薯條拌乾粉

6 油鍋燒熱160度將薯條沾麵糊入油鍋內炸

7 薯條炸至外表酥脆呈金黃色撈出瀝油

8 鍋中入油將鹹蛋黃炒香起泡沫加入蒜末炒香

9 辛香料、蒜末炒香後加入蔥花

10 鍋中加入薯條和調味料拌炒

11 食材拌炒均勻盛盤

12 食材完成圖

燴素什錦

 材料

麵筋泡 8 顆、桶筍 50g、五香大豆乾 1/2 塊、紅蘿蔔 1 條，乾香菇 2 朵、薑 60g

 調味料

鹽 1t、糖 1/4t、味精 1/2t、香油 1t

重點提示

燴

1. 加工筍酸味重，汆燙時間拉長可去除酸味。
2. 此道菜是素菜，所以辛香料不能使用蒜和蔥。
3. 烹調時，記得用琉璃芡呈現。

※ 所有材料請依指定刀工切割完成

1. 麵筋泡→泡水（汆燙），桶筍洗淨切水花片（汆燙），豆乾洗淨切菱形片，薑削皮切水花片，紅蘿蔔削皮切水花片，乾香菇泡軟切片。

2. 炒鍋加水，依序將乾貨、加工食品、蔬菜、菇類汆燙至熟，不同類請換水汆燙。

3. 炒鍋入油爆香薑片、香菇片，加高湯 1.5 杯，續入調味料及所有食材，煮滾後加太白粉水勾芡，淋上香油即可。

1 汆燙食材水花片

2 汆燙食材加入豆乾片

3 汆燙食材加入麵筋泡

4 食材汆燙後撈出瀝水

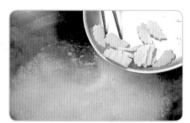

5 汆燙食材筍片

6 鍋中入油將薑片、香菇片炒香

7 辛香料炒香加入高湯1.5杯

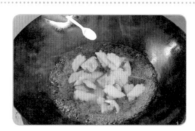

8 湯汁加調味料煮開

9 鍋中加入所有材料煮開用太白粉水勾琉璃芡淋香油盛盤

10 食材完成圖

脆溜荔枝肉

材料
紅糟醬8g、荸薺6粒、蒜頭10g、青椒1/2個、大里肌肉300g

調味料
番茄醬 3t、白醋 2t、糖 2t、水 3t、紅麴醬 1t

醃料
醬油 1/2t、酒 1t、糖 1/2t、紅麴醬 2 大 t、香油 1t、蛋汁 1 大 t、味精 1/4t、麵粉 1 大 t

重點提示 ★

脆溜
1. 肉片切花刀時要注意力道，避免食材破損。
2. 肉片包上其他食材時，沾乾粉一定要讓食材回潮，避免食材入油鍋內炸時，外表產生一層乾粉。
3. 烹調時用包芡方式呈現，而盤中不得有過多醬汁積留。

※ 所有材料請依指定刀工切割完成

1. 荸薺切 2~3 瓣,青椒洗淨切菱形片,蒜頭去膜切片,大里肌肉去筋切厚片、再切格子刀,每大片再斜切分成 2 長片。
2. 切好大里肌肉片,加入醃料、麵粉拌之,再將醃好的肉片,捲成荔枝狀。
3. 起油鍋,將捲好的荔枝肉炸熟,青椒過油,將荸薺汆燙至熟撈出瀝水。
4. 炒鍋入油加入蒜片爆香,加入調味料煮開加入荸薺後再將所有食材加入,快速拌炒均勻即可。

1 調製調味料

2 食材加入調味料醃漬上漿

3 醃漬過食材做成荔枝形狀

4 食材做成荔枝形狀

5 油鍋燒熱160度將做好食材入油鍋

6 將食材炸熟外表酥脆起鍋前加入青椒片過油撈出瀝油

7 將荸薺汆燙至熟撈出瀝水

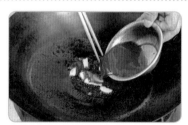

8 鍋中入油將辛香料炒香並加入調味料

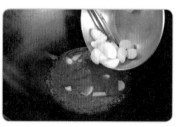

9 調味料煮開加入荸薺

10 將所有食材放入鍋中快速拌炒

11 食材拌炒均勻盛盤

12 食材完成圖

302-10 題組　滑炒三椒雞柳、酒釀魚片、麻辣金銀蛋

1. 菜名與食材切配依據

菜餚名稱	主要刀工	烹調法	主材料類別	材料組合	水花款式	盤飾款式
滑炒三椒雞柳	柳	炒、滑炒	雞胸肉	青椒、紅甜椒、黃甜椒、蒜頭、雞胸肉		參考規格明細
酒釀魚片	片	滑溜	吳郭魚	酒釀、乾木耳、小黃瓜、紅蘿蔔、蒜頭、薑、吳郭魚	參考規格明細	
麻辣金銀蛋	塊	炒	皮蛋熟鹹蛋	炸花生、乾辣椒、花椒粒、皮蛋、熟鹹蛋、蒜頭、蔥		

2. 材料明細

名稱	規格描述	重量（數量）	備註
乾木耳	大片無長黴切片用	1大片	5克／大片，可於洗鍋具時優先煮水浸泡於乾貨類切割
乾辣椒	條狀無霉味	8條	
炸花生	無油耗味	20克	
皮蛋	合格廠商效期內腐壞可更換	4個	
熟鹹蛋	合格廠商效期內腐壞可更換	1個	
青椒	表面平整不皺縮不潰爛	1/2個	120克以上／個
紅甜椒	表面平整不皺縮不潰爛	1/3個	150克以上／個
黃甜椒	表面平整不皺縮不潰爛	1/3個	150克以上／個
蒜頭	飽滿無發芽無潰爛	30克	
紅辣椒	表面平整不皺縮不潰爛	1條	10克以上／條
蔥	新鮮飽滿	30克以上	
小黃瓜	不可大彎曲鮮度足	2條	80克以上／條
大黃瓜	表面平整不皺縮不潰爛	1截	6公分長／截
紅蘿蔔	表面平整不皺縮不潰爛	1條	300克以上／條，若為空心須再補發
薑	長段無潰爛	50克	不宜細條，需可供切水花片
雞胸肉	帶骨帶皮，鮮度足	1/2付	360克以上／付
吳郭魚	體形完整鮮度足未處理	1隻	600克以上／隻，非活魚

302-10 題組　滑炒三椒雞柳、酒釀魚片、麻辣金銀蛋

1. 菜名與食材切配依據

菜餚名稱	主要刀工	烹調法	主材料類別	材料組合	水花款式	盤飾款式
滑炒三椒雞柳	柳	炒、滑炒	雞胸肉	青椒、紅甜椒、黃甜椒、蒜頭、雞胸肉	參考規格明細	參考規格明細
酒釀魚片	片	滑溜	吳郭魚	酒釀、乾木耳、小黃瓜、紅蘿蔔、蒜頭、薑、吳郭魚		
麻辣金銀蛋	塊	炒	皮蛋 熟鹹蛋	炸花生、乾辣椒、花椒粒、皮蛋、熟鹹蛋、蒜頭、蔥		

2. 第一階段繳交刀工作品規格（係取自菜名與食材切配依據表所示之切配成品，只需取出規格明細表所示之種類數量，每一種類的數量皆至少需有3/4量符合其規定尺寸，其餘作品留待烹調時適量取用）。

(1) 受評分刀工作品為木耳片、蒜片、青椒條、紅甜椒條、黃甜椒條、小黃瓜片、雞柳、魚片、水花片兩款，以配菜盤分類盛裝受評，另加兩種盤飾以2只瓷盤盛裝擺設。

(2) 規格明細

材料	規格描述（長度單位：公分）	數量	備註
紅蘿蔔水花片	指定1款，指定款須參考下列指定圖（形狀大小需可搭配菜餚）厚薄度（0.3~0.4公分）	6片以上	
薑水花片	自選1款厚薄度（0.3~0.4公分）	6片以上	
配合材料擺出兩種盤飾	下列指定圖3選2	各1盤	
木耳片	長3.0~5.0，寬2.0~4.0，高（厚）依食材規格，可切菱形片	6片以上	
蒜片	高（厚）0.2~0.4，長、寬依食材規格	切完	三道菜用
青椒條	寬0.5~1.0，長4.0~6.0，高（厚）依食材規格	切完	
紅甜椒條	寬0.5~1.0，長4.0~6.0，高（厚）依食材規格	切完	
黃甜椒條	寬0.5~1.0，長4.0~6.0，高（厚）依食材規格	切完	
小黃瓜片	長4.0~6.0，寬2.0~4.0，高（厚）0.2~0.4，可切菱形片	6片以上	綠皮部分可用
雞柳	寬、高（厚）各為1.2~1.8，長5.0~7.0	切完	規格不足可用
魚片	長4.0~6.0，寬2.0~4.0，高（厚）0.8~1.5	切完	頭尾勿丟棄，成品用

水花及盤飾參考：依指定圖完成，可受公評並獲得普遍認同之美感。

指定水花（擇一）	(1)	(2)	(3)
指定盤飾（擇二） (1) 小黃瓜 (2) 大黃瓜、小黃瓜、紅辣椒 (3) 大黃瓜、紅辣椒	(1)	(2)	(3)

(3) 無須繳驗部分：菜餚刀工之種類、取量與形狀，除了規格明細之數量外，還包括不須繳驗的部分，請務必依「菜名與食材切配依據」表之食材選用規定種類切配，配合題意之刀工規格切配出合宜的刀工形狀、數量與配色進行烹調。

302-10 題組 滑炒三椒雞柳、酒釀魚片、麻辣金銀蛋

1. 菜名與食材切配依據

菜餚名稱	主要刀工	烹調法	主材料類別	材料組合	水花款式	盤飾款式
滑炒三椒雞柳	柳	炒、滑炒	雞胸肉	青椒、紅甜椒、黃甜椒、蒜頭、雞胸肉		參考規格明細
酒釀魚片	片	滑溜	吳郭魚	酒釀、乾木耳、小黃瓜、紅蘿蔔、蒜頭、薑、吳郭魚	參考規格明細	
麻辣金銀蛋	塊	炒	皮蛋 熟鹹蛋	炸花生、乾辣椒、花椒粒、皮蛋、熟鹹蛋、蒜頭、蔥		

2. 第二階段烹調說明：

請依題意及菜名與食材切配依據表需求自刀工切配作品中適量取用，加入之食材種類不得短少，否則依不符題意處理（即該道菜判定為60分以下），水花則依配色或烹調量需求，需有兩款但各款數量不一定要全加。

(1) 滑炒三椒雞柳

烹調規定	1. 雞柳需調味上漿，與三椒汆燙、過油皆可 2. 以蒜片爆香，所有配料調味炒成菜
烹調法	炒、滑炒
調味規定	以鹽、酒、糖、味精、胡椒粉、粗黑胡椒粉、香油、太白粉水等調味料自選合宜使用
備註	油汁不得過多，規定材料不得短少

(2) 酒釀魚片

烹調規定	1. 魚片需調味上漿、沾乾粉炸酥 2. 以薑水花、蒜片爆香，與所有配料包含適量之紅蘿蔔水花片滑溜成菜 3. 頭尾炸酥，全魚排盤呈現
烹調法	滑溜
調味規定	以酒釀、鹽、酒、白醋、糖、味精、胡椒粉、香油、太白粉水等調味料自選合宜使用，規定材料不得短少
備註	魚片的破碎不得超過1/3之魚片總量

(3) 麻辣金銀蛋

烹調規定	1. 鹹蛋、皮蛋可蒸可煮，1粒切4塊 2. 沾乾粉炸酥 3. 以花椒粒、蒜片、蔥段、乾辣椒爆香，入材料炒成菜
烹調法	炒
調味規定	以醬油、烏醋、酒、糖、味精、胡椒粉、香油等調味料自選合宜使用
備註	成品塊狀須完整，不得破碎，成品無湯汁，規定材料不得短少

302-10 題組

★ 滑炒三椒雞柳 　　★ 酒釀魚片 　　★ 麻辣金銀蛋

指定水花（擇一）

指定盤飾（擇二）

滑炒三椒雞柳

材料
青椒 1/2 個、紅甜椒 1/3 個、黃甜椒 1/3 個、蒜頭 10g、雞胸肉半付

調味料
鹽 1/2t、酒 1t、糖 1/2t、味精 1/4t、黑胡椒粒少許、醬油 1/2t、水 1/3 杯

醃料
鹽 1/4t、糖 1/2t、胡椒粉 1/4t、香油 1t、太白粉 1t

重點提示 ★

滑 炒
1. 記得柳的定義是「條」。
2. 雞柳上漿後加入少許油拌勻，汆燙或過油時，避免食材黏結成團。
3. 烹調時，動作快，時間短，火要旺，並且不得有多餘湯汁。

※ 所有材料請依指定刀工切割完成
1. 青、紅、黃椒洗淨、切條，蒜頭切片，雞胸肉去皮、筋、油，洗淨切長條狀。
2. 雞柳加入醃料醃 30 分鐘，最後加入太白粉拌之，三椒汆燙、過油皆可。
3. 起油鍋燒至 100 度後關小火，加入雞柳炸熟備用。
4. 炒鍋加入 1t 沙拉油，蒜片加入炒香，再加入調味料及食材，中小火炒熱，即可盛盤。

1 雞柳調味醃漬上漿後過油

2 三椒過油

3 炸好食材撈出

4 爆香辛香料

5 倒入醬汁

6 中火快速翻炒

7 盛盤

8 食材完成圖

酒釀魚片

材料
酒釀 1.5t、乾木耳 1 大片、小黃瓜 1 條、紅蘿蔔 1/3 條、蒜頭 10g、薑 50g、吳郭魚 1 隻

調味料
鹽 1t、酒 1t、糖 1/8t、味精 1/2t、高湯 1 杯

醃料
鹽 1/4t、酒 1t、糖 1/4t、胡椒粉 1/4t、香油 1t、太白粉 1t、地瓜粉 2t

重點提示 ★

滑溜
1. 魚片切片時，需一刀成形，避免食材破損。
2. 炸魚片時，用手將魚片攤開，可增加食材外觀的美感。
3. 食材入油鍋後前 10 秒不要去動它，等食材外表定形後才翻動，這樣食材才不會破損。
4. 烹調時，不要煮太久，避免小黃瓜變黃。

※ 所有材料請依指定刀工切割完成

辛香料：蒜切片、薑切菱形水花片。

1. 乾木耳泡水脹發後切片，小黃瓜切菱形水花片，紅蘿蔔切水花片後入鍋中汆燙撈出用冷水沖涼瀝乾。

2. 吳郭魚洗淨，去魚鱗、內臟、切去頭尾，取肉片斜切長片加入醃料醃漬，上漿後沾乾粉。

3. 油鍋燒熱150度將作法2入油鍋內炸熟，酥脆撈出瀝油。頭尾處理後，沾乾粉炸熟撈出擺盤。

4. 鍋中入油將辛香料炒香後加入水一杯半煮開加入作法1和調味料再加入作法3快速拌勻，並用太白粉水勾琉璃芡即可盛盤。

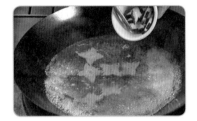
1 鍋中入水汆燙副材料

2 材料汆燙後撈出瀝水

3 魚片醃漬上漿後沾乾粉

4 油鍋燒熱150度將魚片入油鍋內炸熟並酥脆

5 材料炸好撈出瀝油

6 調製調味料，並加入酒釀

7 鍋中入油爆香辛香料後加入調味料

8 副材料入鍋中拌炒

9 主材料入鍋中拌炒均勻即可盛盤

10 食材完成圖

麻辣金銀蛋

🧄 材料

炸花生 20g、乾辣椒 15g、花椒粒 5g、皮蛋 4 個、
熟鹹蛋 1 個、蒜頭 10g、蔥 30g、地瓜粉一杯

🍚 麵糊

麵粉 1 杯、太白粉 1/3 杯、雞蛋一顆、沙拉油
100c.c.、泡達粉 1/2t、水 0.6~0.8 杯

🧂 調味料

糖 1/4t、味精 1/2t、酒 1t、烏醋 1t、香油 1t、
水 1/3 杯

重點提示 ★

 炒

1. 記得食材定要先拌麵糊再沾乾粉，否則油炸時乾粉容易脫落。
2. 乾粉定要地瓜粉，因它是顆粒狀，吸水性質比較高。
3. 烹調時盡量避免食材破損。

※ 所有材料請依指定刀工切割完成
1. 皮蛋、鹹蛋煮熟放涼去殼切塊狀,先拌麵糊後拌乾粉入油鍋內炸酥脆。
2. 炒鍋入油炒香乾辣椒、花椒粒、辛香料,加入調味料和作法 1 拌炒,起鍋前加入炸花生再加入蔥花(段)即可。

1 鍋中入水煮皮蛋,水開用小火煮約13分鐘

2 皮蛋去殼切粒狀

3 鹹蛋去殼切粒狀

4 皮蛋拌麵糊後沾地瓜粉

5 鹹蛋拌麵糊後沾地瓜粉

6 皮蛋、鹹蛋入油鍋炸酥香撈出瀝油

7 鍋中入油將辛香料和花椒粒、乾辣椒炒香

8 辛香料、花椒粒和乾辣椒炒香後加入調味料

9 將調味料煮開

10 調味料煮開後加入食材拌炒,並加入炸花生快速拌炒均勻

11 食材完成後盛盤

12 食材完成圖

 材料清點卡

302-11 題組 黑胡椒溜雞片、蔥燒豆腐、三椒炒肉絲

1. 菜名與食材切配依據

菜餚名稱	主要刀工	烹調法	主材料類別	材料組合	水花款式	盤飾款式
黑胡椒溜雞片	片	滑溜	雞胸肉	粗黑胡椒粉、蒜頭、西芹、洋蔥、雞胸肉		參考規格明細
蔥燒豆腐	片	紅燒	板豆腐	板豆腐、紅蘿蔔、蔥、蒜頭、薑	參考規格明細	
三椒炒肉絲	絲	炒、爆炒	大里肌肉	青椒、紅甜椒、黃甜椒、薑、蒜頭、大里肌肉		

2. 材料明細

名稱	規格描述	重量（數量）	備註
板豆腐	老豆腐，不得有酸味	400克以上	注意保存
西芹	整把分單支發放	1單支以上	80克以上
洋蔥	飽滿無潰爛無黑心	1/4個	250克以上／個
紅蘿蔔	表面平整不皺縮不潰爛	1條	300克以上／條，若為空心須再補發
蔥	新鮮飽滿	80克	
蒜頭	飽滿無發芽無潰爛	30克	
薑	長段無潰爛	100克	不宜細條，需可供切絲、水花片
青椒	表面平整不皺縮不潰爛	1/2個	120克以上／個
紅甜椒	表面平整不皺縮不潰爛	1/3個	150克以上／個
黃甜椒	表面平整不皺縮不潰爛	1/3個	150克以上／個
紅辣椒	表面平整不皺縮不潰爛	1條	10克以上／條
大黃瓜	表面平整不皺縮不潰爛	1截	6公分長／截
大里肌肉	完整塊狀鮮度足可供橫紋切絲	180克	
雞胸肉	帶骨帶皮，鮮度足	1/2付	360克以上／付

刀工作品規格卡

302-11 題組 黑胡椒溜雞片、蔥燒豆腐、三椒炒肉絲

1. 菜名與食材切配依據

菜餚名稱	主要刀工	烹調法	主材料類別	材料組合	水花款式	盤飾款式
黑胡椒溜雞片	片	滑溜	雞胸肉	粗黑胡椒粉、蒜頭、西芹、洋蔥、雞胸肉		參考規格明細
蔥燒豆腐	片	紅燒	板豆腐	板豆腐、紅蘿蔔、蔥、蒜頭、薑	參考規格明細	
三椒炒肉絲	絲	炒、爆炒	大里肌肉	青椒、紅甜椒、黃甜椒、薑、蒜頭、大里肌肉		

2. 第一階段繳交刀工作品規格（係取自菜名與食材切配依據表所示之切配成品，只需取出規格明細表所示之種類數量，每一種類的數量皆至少需有3/4量符合其規定尺寸，其餘作品留待烹調時適量取用）。

   (1) 受評分刀工作品為豆腐片、西芹片、洋蔥片、蔥段、青椒絲、紅甜椒絲、黃甜椒絲、里肌肉絲、雞片、水花片兩款，以配菜盤分類盛裝受評，另加兩種盤飾以2只瓷盤盛裝擺設。

   (2) 規格明細

材料	規格描述（長度單位：公分）	數量	備註
紅蘿蔔水花片	指定1款，指定款須參考下列指定圖（形狀大小需可搭配菜餚）厚薄度（0.3~0.4公分）	6片以上	
薑水花片	自選1款厚薄度（0.3~0.4公分）	6片以上	
配合材料擺出兩種盤飾	下列指定圖3選2	各1盤	
豆腐片	長4.0~6.0，寬2.0~4.0，高（厚）0.8~1.5	切完	
西芹片	長3.0~5.0，寬2.0~4.0，高（厚）依食材規格，可切菱形片	整支切完	
洋蔥片	長3.0~5.0，寬2.0~4.0，高（厚）依食材規格，可切菱形片	20克以上	
蔥段	長3.0~5.0直段或斜段	50克以上	
青椒絲	寬、高（厚）各為0.2~0.4，長4.0~6.0	切完	
紅甜椒絲	寬、高（厚）各為0.2~0.4，長4.0~6.0	切完	
黃甜椒絲	寬、高（厚）各為0.2~0.4，長4.0~6.0	切完	
里肌肉絲	寬、高（厚）各為0.2~0.4，長4.0~6.0	切完	去筋膜
雞片	長4.0~6.0，寬2.0~4.0，高（厚）0.4~0.6	切完	

水花及盤飾參考：依指定圖完成，可受公評並獲得普遍認同之美感。

指定水花（擇一）	(1)	(2)	(3)
指定盤飾（擇二） (1) 大黃瓜、紅辣椒 (2) 大黃瓜 (3) 大黃瓜、紅辣椒	(1)	(2)	(3)

   (3) 無須繳驗部分：菜餚刀工之種類、取量與形狀，除了規格明細之數量外，還包括不須繳驗的部分，請務必依「菜名與食材切配依據」表之食材選用規定種類切配，配合題意之刀工規格切配出合宜的刀工形狀、數量與配色進行烹調。

302-11 題組 黑胡椒溜雞片、蔥燒豆腐、三椒炒肉絲

1. 菜名與食材切配依據

菜餚名稱	主要刀工	烹調法	主材料類別	材料組合	水花款式	盤飾款式
黑胡椒溜雞片	片	滑溜	雞胸肉	粗黑胡椒粉、蒜頭、西芹、洋蔥、雞胸肉		參考規格明細
蔥燒豆腐	片	紅燒	板豆腐	板豆腐、紅蘿蔔、蔥、蒜頭、薑	參考規格明細	
三椒炒肉絲	絲	炒、爆炒	大里肌肉	青椒、紅甜椒、黃甜椒、薑、蒜頭、大里肌肉		

2. 第二階段烹調說明：

請依題意及菜名與食材切配依據表需求自刀工切配作品中適量取用，加入之食材種類不得短少，否則依不符題意處理（即該道菜判定為60分以下），水花則依配色或烹調量需求，需有兩款但各款數量不一定要全加。

(1) 黑胡椒溜雞片

烹調規定	1. 雞片需調味上漿，汆燙或過油皆可 2. 以蒜片、洋蔥片炒香，與所有材料溜成菜
烹調法	滑溜
調味規定	以醬油、鹽、酒、糖、味精、粗黑胡椒粒、香油、太白粉水等調味料自選合宜使用
備註	1. 是滑溜（汁稍濃而少）而非燴菜，故醬汁不得似燴汁 2. 規定材料不得短少

(2) 蔥燒豆腐

烹調規定	1. 豆腐炸上色或煎雙面上色皆可 2. 以蔥段、薑水花、蒜片爆香，入紅蘿蔔水花、豆腐燒入味後，以淡芡收汁即可
烹調法	紅燒
調味規定	以醬油、鹽、酒、糖、味精、胡椒粉、香油、太白粉水等調味料自選合宜使用
備註	不得破碎，需上色有燒汁，焦黑不得超過10％，規定材料不得短少

(3) 三椒炒肉絲

烹調規定	1. 肉絲需調味上漿，與三椒絲汆燙或過油 2. 以薑絲、蒜片爆香，與配料合炒完成
烹調法	炒、爆炒
調味規定	以鹽、酒、糖、味精、胡椒粉、香油、太白粉水等調味料自選合宜使用
備註	規定材料不得短少

★ 黑胡椒溜雞片　　　★ 蔥燒豆腐　　　★ 三椒炒肉絲

指定水花（擇一）

指定盤飾（擇二）

黑胡椒溜雞片

材料
粗黑胡椒粒適量、西芹 150g、洋蔥 1/4 個、雞胸肉半付、蒜頭 10g

調味料
醬油 1/2t、糖 1/2t、味精 1/2t、粗黑胡椒粒 1/2t、高湯半杯、酒 1/2t

醃料
醬油 1/4t、鹽 1/4t、糖 1/2t、香油 1t、太白粉 1t

重點提示 ★

滑 溜
1. 西芹記得去除老纖維，避免影響口感。
2. 雞肉切片時一刀成形，可避免食材破損，並增加美感。
3. 烹調時，芡汁稍濃，所以醬汁不得似燴汁。

※ 所有材料請依指定刀工切割完成

1. 西芹去老纖維、洗淨切菱形片，蒜頭切片，洋蔥洗淨切片，雞胸肉去皮、油、筋，洗淨切片，加入醃料 30 分鐘，入油鍋拌熟或汆燙至熟。

2. 炒鍋加水燒開，汆燙西芹撈出用冷水沖涼瀝乾備用。

3. 炒鍋加入沙拉油，將洋蔥、蒜片炒香，加入調味料、食材、半杯高湯煮開，入雞片中火炒熟後盛盤。

1 雞片加調味料醃漬上漿

2 食材上漿拌勻

3 鍋中入水燒至90度將雞片入鍋中汆燙

4 食材汆燙至熟撈出瀝水

5 西芹汆燙撈出用冷水沖涼瀝乾

6 鍋中入油將辛香料炒香（多餘辛香料不受評可增加）

7 辛香料炒香加入黑胡椒粒炒香

8 黑胡椒粒炒香加入調味料和副材料和高湯半杯

9 湯汁煮開加入雞片快速拌炒均勻盛盤

10 食材完成圖

蔥燒豆腐

🧄 材料

板豆腐 400g、蔥 2 支、蒜頭 10g、薑 40g、紅蘿蔔 1/3 條

🧂 調味料

醬油 1.5t、酒 1t、糖 1t、味精 1/2t、高湯 1.5 杯

重點提示 ★

紅 燒

1. 豆腐入油鍋內炸前一定要將水分擦乾，避免產生油爆。
2. 食材入鍋後，還沒定形前不宜移動，避免食材破損。
3. 烹調時一定要有燒汁，並不得濃縮出油。

※ 所有材料請依指定刀工切割完成

1. 蔥洗淨、切段，蒜頭去膜、切片，薑削皮切菱形水花片，紅蘿蔔切水花片，豆腐依指定刀工切片。

2. 炒鍋加入 4 分滿的沙拉油加熱至 170 度，將板豆腐放入炸至金黃色，水花片汆燙撈出瀝水。

3. 炒鍋加入沙拉油爆香薑水花片、蒜片，加入高湯 1.5 杯、調味料，煮滾後加入豆腐、水花片燒煮入味入蔥段，湯汁不須收乾，即可起鍋。

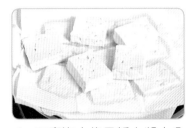

1 豆腐泡水後用紙巾將水分吸乾

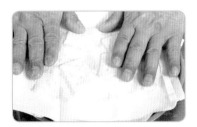

2 用手略微按壓

3 油鍋燒熱170度將食材入油鍋內炸

4 食材炸至酥脆外表金黃色撈出瀝油

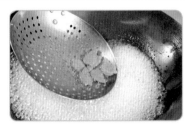

5 水花片汆燙撈出瀝水

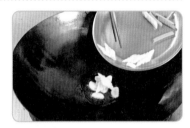

6 鍋中入油將辛香料炒香

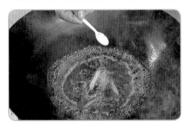

7 辛香料炒香加高湯1.5杯並加入調味料

8 將豆腐、水花片放入鍋中燜煮

9 食材入味加蔥段殺青後盛盤

10 食材完成圖

三椒炒肉絲

 材料

青椒 1/2 個、紅甜椒 1/3 個、黃甜椒 1/3 個、
蒜頭 10g、大里肌肉 180g、薑 30g

調味料

鹽 1/2t、酒 1t、糖 1/4t、胡椒粉少許、香油
1/4t、水 1/3 杯

 醃料

鹽適量、醬油 1/2t、酒 1t、糖 1/2t、胡椒粉
1/4t、香油 1t、太白粉 1.5t

重點提示

炒

1. 三椒記得切直絲，避免烹調時容易斷掉。
2. 肉片切絲時，記得切橫絲，可增加口感。
3. 烹調時，動作快，時間短，火要旺，並且芡汁要適量。

※ 所有材料請依指定刀工切割完成

1. 青、紅、黃椒洗淨後去籽切絲，蒜頭去膜切絲，大里肌肉去膜、去筋、切薄片，再逆紋切絲，肉絲加入醃料入味。
2. 肉絲醃 30 分鐘後拌太白粉，起油鍋 100 度，肉絲、三椒拉熟，汆燙亦可。
3. 炒鍋加入沙拉油炒香蒜絲（末）跟薑絲，加入調味料後，將食材快炒至熟。

1 三椒過油

2 三椒撈起

3 肉絲調味醃漬上漿後入油鍋內拉油至熟

4 肉絲撈起

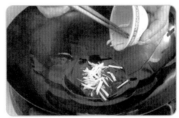

5 爆香辛香料

6 倒入青椒、紅甜椒、黃甜椒、肉絲及調味料拌炒均勻

7 盛盤

8 食材完成圖

材料清點卡

302-12 題組 馬鈴薯燒排骨、香菇蛋酥燜白菜、五彩杏菇丁

1. 菜名與食材切配依據

菜餚名稱	主要刀工	烹調法	主材料類別	材料組合	水花款式	盤飾款式
馬鈴薯燒排骨	塊	燒	小排骨	馬鈴薯、紅蘿蔔、蔥、薑、蒜頭、小排骨		參考規格明細
香菇蛋酥燜白菜	片、塊	燜煮	香菇 大白菜	蝦米、乾香菇、扁魚、大白菜、紅蘿蔔、蒜頭、雞蛋	參考規格明細	
五彩杏菇丁	丁	炒、爆炒	杏鮑菇	乾香菇、桶筍、杏鮑菇、紅蘿蔔、小黃瓜、紅辣椒、蒜頭、大里肌肉		

2. 材料明細

名稱	規格描述	重量（數量）	備註
乾香菇	直徑4.0公分以上	6朵	可於洗鍋具時優先煮水浸泡於乾貨類切割
扁魚	無異味	2片	
蝦米	紮實無異味	15克	
桶筍	若為空心或軟爛不足需求量，應檢人可反應更換	1/2支	去除筍尖的實心淨肉至少100克，需縱切檢視才分發，烹調時需去酸味
馬鈴薯	無芽眼、潰爛	1個	150克以上／個
紅蘿蔔	表面平整不皺縮不潰爛	1條	300克以上／條，若為空心須再補發
蔥	新鮮飽滿	50克	
薑	長段無潰爛	20克	需可切片
大白菜	飽滿結實，不得鬆軟無心，光鮮無潰爛，用剩回收	1個	500克以上／個，不可有綠葉
杏鮑菇	形大結實飽滿	1支以上	100克以上／支
紅辣椒	表面平整不皺縮不潰爛	1條	10克以上／條
小黃瓜	不可大彎曲鮮度足	2條	80克以上／條
大黃瓜	表面平整不皺縮不潰爛	1截	6公分長／截
蒜頭	飽滿無發芽無潰爛	30克	
小排骨	需為多肉的小排骨，鮮度足	300克	未剁塊，不可使用龍骨排
大里肌肉	完整塊狀鮮度足可供切丁	150克	
雞蛋	外形完整鮮度足	2個	

302-12 題組　馬鈴薯燒排骨、香菇蛋酥燜白菜、五彩杏菇丁

1. 菜名與食材切配依據

菜餚名稱	主要刀工	烹調法	主材料類別	材料組合	水花款式	盤飾款式
馬鈴薯燒排骨	塊	燒	小排骨	馬鈴薯、紅蘿蔔、蔥、薑、蒜頭、小排骨		參考規格明細
香菇蛋酥燜白菜	片、塊	燜煮	香菇大白菜	蝦米、乾香菇、扁魚、大白菜、紅蘿蔔、蒜頭、雞蛋	參考規格明細	
五彩杏菇丁	丁	炒、爆炒	杏鮑菇	乾香菇、桶筍、杏鮑菇、紅蘿蔔、小黃瓜、紅辣椒、蒜頭、大里肌肉		

2. 第一階段繳交刀工作品規格（係取自菜名與食材切配依據表所示之切配成品，只需取出規格明細表所示之種類數量，每一種類的數量皆至少需有3/4量符合其規定尺寸，其餘作品留待烹調時適量取用）。

(1) 受評分刀工作品為乾香菇片、筍丁、蔥段、馬鈴薯滾刀塊、杏鮑菇丁、紅蘿蔔丁、小黃瓜丁、里肌肉丁、小排骨塊、水花片兩款，以配菜盤分類盛裝受評，另加兩種盤飾以2只瓷盤盛裝擺設。

(2) 規格明細

材料	規格描述（長度單位：公分）	數量	備註
紅蘿蔔水花片兩款	自選1款及指定1款，指定款須參考下列指定圖（形狀大小需可搭配菜餚）厚薄度（0.3~0.4公分）	各6片以上	
配合材料擺出兩種盤飾	下列指定圖3選2	各1盤	
乾香菇片	復水去蒂，斜切，寬2.0~4.0、長度及高（厚）依食材規格	4朵	
筍丁	長、寬、高（厚）各0.8~1.2	切完	
蔥段	長3.0~5.0直段或斜段	30克以上	
馬鈴薯滾刀塊	邊長2.0~4.0的滾刀塊	切完	
杏鮑菇丁	長、寬、高（厚）各0.8~1.2	切完	
紅蘿蔔丁	長、寬、高（厚）各0.8~1.2	40克以上	
小黃瓜丁	長、寬、高（厚）各0.8~1.2	連盤飾切完	
里肌肉丁	長、寬、高（厚）各0.8~1.2	80克以上	去筋膜
小排骨塊	邊長2.0~4.0的不規則塊狀，須帶骨	剁完	

水花及盤飾參考：依指定圖完成，可受公評並獲得普遍認同之美感。

指定水花 （擇一）	(1)	(2)	(3)
指定盤飾（擇二） (1) 大黃瓜、紅辣椒 (2) 大黃瓜、紅辣椒 (3) 小黃瓜	(1)	(2)	(3)

(3) 無須繳驗部分：菜餚刀工之種類、取量與形狀，除了規格明細之數量外，還包括不須繳驗的部分，請務必依「菜名與食材切配依據」表之食材選用規定種類切配，配合題意之刀工規格切配出合宜的刀工形狀、數量與配色進行烹調。

302-12 題組　馬鈴薯燒排骨、香菇蛋酥燜白菜、五彩杏菇丁

1. 菜名與食材切配依據

菜餚名稱	主要刀工	烹調法	主材料類別	材料組合	水花款式	盤飾款式
馬鈴薯燒排骨	塊	燒	小排骨	馬鈴薯、紅蘿蔔、蔥、薑、蒜頭、小排骨		參考規格明細
香菇蛋酥燜白菜	片、塊	燜煮	香菇　大白菜	蝦米、乾香菇、扁魚、大白菜、紅蘿蔔、蒜頭、雞蛋	參考規格明細	
五彩杏菇丁	丁	炒、爆炒	杏鮑菇	乾香菇、桶筍、杏鮑菇、紅蘿蔔、小黃瓜、紅辣椒、蒜頭、大里肌肉		

2. 第二階段烹調說明：

請依題意及菜名與食材切配依據表需求自刀工切配作品中適量取用，加入之食材種類不得短少，否則依不符題意處理（即該道菜判定為60分以下），水花則依配色或烹調量需求，需有兩款但各款數量不一定要全加。

(1) 馬鈴薯燒排骨

烹調規定	1. 排骨需調味上漿、馬鈴薯、紅蘿蔔皆炸表面上色 2. 以蔥段、薑片、蒜片爆香，所有材料燒至軟透
烹調法	燒
調味規定	以鹽、醬油、酒、糖、味精、胡椒粉、香油、太白粉水等調味料自選合宜使用
備註	需有燒汁，不得濃稠出油，規定材料不得短少

(2) 香菇蛋酥燜白菜

烹調規定	1. 白菜切塊汆燙至熟 2. 將全蛋液炸成蛋酥 3. 以蝦米、蒜片、香菇爆香，入白菜、蛋酥、扁魚與水花片燒至入味
烹調法	燜煮
調味規定	以鹽、醬油、酒、糖、味精、胡椒粉、香油、太白粉水等調味料自選合宜使用
備註	1. 扁魚須炸香酥 2. 蛋酥須成絲狀不得成糰，大白菜須軟且入味，規定材料不得短少

(3) 五彩杏菇丁

烹調規定	1. 肉丁需調味上漿，汆燙或過油皆可 2. 以蒜片爆香，以炒烹調法完成
烹調法	炒、爆炒
調味規定	以鹽、酒、糖、味精、胡椒粉、香油、太白粉水等調味料自選合宜使用
備註	規定材料不得短少

302-12 題組

★ 馬鈴薯燒排骨　　★ 香菇蛋酥燜白菜　　★ 五彩杏菇丁

指定水花（擇一）

指定盤飾（擇二）

馬鈴薯燒排骨

 材料

馬鈴薯 1 個、紅蘿蔔 1/3 條、蔥 50g、薑 20g、小排骨 300g、蒜頭 10g

 調味料

鹽 1/4t、醬油、酒 1t、糖 1t、味精 1/2t、胡椒 粉 1/4t、香油 1/4t、高湯 1.5 杯

 醃料

醬油 1t、酒 1t、糖 1t、胡椒粉 1/4t、香油 1t、麵粉 1.5t

重點提示 ★

 燒

1. 馬鈴薯可先汆燙去除表面澱粉，再入油鍋內炸，外表會比較鮮豔。
2. 排骨只上漿不沾乾粉，避免烹調時粑鍋。
3. 烹調時要有燒汁，但不得濃縮出油。

作法 ★

※ 所有材料請依指定刀工切割完成

1. 馬鈴薯削皮後洗淨、切塊，紅蘿蔔削皮、洗淨切塊，蔥洗淨切小段，薑削皮、切片，蒜頭切片，排骨洗淨剁塊，加入醃料醃 30 分鐘。

2. 起油鍋，放入馬鈴薯炸至外皮脆硬，紅蘿蔔汆燙，排骨炸至外皮乾酥撈起。

3. 炒鍋加入少許沙拉油，加入蔥、薑、蒜爆香，再加調味料燒開，放入炸好的食材，小火燜煮入味，收至湯汁微稠即成。

1 紅蘿蔔塊入鍋汆燙

2 馬鈴薯塊入油鍋炸

3 馬鈴薯塊炸至外皮脆硬撈起

4 排骨調味醃漬上漿後入油鍋內炸

5 排骨炸至外皮乾酥撈起

6 爆香辛香料

7 放入調味料和所有食材烹煮入味

8 收至湯汁微稠盛盤

9 食材完成圖

香菇蛋酥燜白菜

🧄 材料
蝦米 15g、乾香菇 4 朵、扁魚 2 片、大白菜 500g、紅蘿蔔 1/3 條、蒜頭 10g、雞蛋 2 個

🧂 調味料
味精 1t、鹽 1/2t、胡椒粉 1/2t、香油 1t、高湯 1,000c.c.

重點提示 ★

燜煮

1. 炸蛋酥油溫在 90~100 度之間，且蛋汁入鍋同時要用筷子攪動。
2. 大白菜炒出水再燜煮，口感會比較佳。
3. 勾芡時芡汁不要太稠。

※ 所有材料請依指定刀工切割完成
1. 雞蛋打入油鍋，於低油溫炸成蛋酥撈出瀝油。
2. 蝦米用開水泡開，扁魚入油鍋內炸香撈出瀝油，香菇泡軟切片，蒜頭切片。
3. 紅蘿蔔切水花片 2 款各 6 片，大白菜切塊狀入鍋中汆燙。
4. 炒鍋入油將蝦米、蒜片、香菇片炒香，加入大白菜炒出水，加入調味料、高湯、扁魚、一半蛋酥燜煮食材，再加入水花片燜煮入味用太白粉水勾琉璃芡即可，盛皿上放另一半蛋酥。

1 油鍋燒熱90度炸蛋酥

2 蛋酥炸成金黃色撈出瀝油

3 扁魚入油鍋內炸酥撈出瀝油

4 鍋中入水汆燙大白菜

5 大白菜汆燙後撈出瀝水

6 鍋中入油將香菇片、辛香料炒香

7 辛香料炒香加入大白菜翻炒後入高湯1,000c.c.並加入扁魚酥燜煮

8 食材燜煮過程加入一半蛋酥燜煮

9 食材燜煮軟嫩入味後用水皿盛出上放另一半蛋酥

10 食材完成圖

五彩杏菇丁

 材料

乾香菇 2 朵、桶筍 50g、杏鮑菇 100g、紅蘿蔔 1/3 條、小黃瓜 1 條、紅辣椒 1 條、蒜頭 10g、大里肌肉 150g

 調味料

鹽 1/2t、酒 1t、糖 1/4t、味精 1/4t、胡椒粉少許、香油 1/4t、高湯 1/3 杯

 醃料

鹽 1/4t、酒 1/2t、糖 1/4t、香油 1t、水 1t、太白粉 1t

重點提示

炒

1. 杏鮑菇丁可直接炒，增加食材香氣。
2. 肉丁完成上漿後，加入少許油拌勻，汆燙或過油時可避免食材黏結成團。
3. 烹調時，動作快，時間短，火要旺，並且不要有多餘湯汁。

※ 所有材料請依指定刀工切割完成

1. 乾香菇泡軟、切成丁狀，桶筍洗淨切丁，杏鮑菇洗淨切丁，紅蘿蔔洗淨、削皮切丁，小黃瓜洗淨切丁，紅辣椒去籽切片，蒜頭去膜切片，大里肌肉去膜去筋、切丁。

2. 里肌肉丁加入醃料，汆燙或拉油至熟，炒鍋加水燒開，依序汆燙桶筍，換水燒開後再汆燙紅蘿蔔、杏鮑菇、小黃瓜。

3. 炒菜鍋加入沙拉油爆香辛香料，加入杏鮑菇丁、筍丁炒香後入調味料和 1/3 杯高湯煮開，放入作法 1、2 汆燙過的食材，全部加入後，中火拌炒均勻至熟。

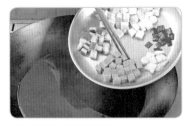

1 鍋中入水燒開

2 水開汆燙紅蘿蔔丁、杏鮑菇丁、小黃瓜丁

3 肉丁加調味料醃漬上漿

4 肉丁入鍋中汆燙至熟撈出瀝水

5 筍丁汆燙後撈出瀝水

6 鍋中入油將辛香料炒香

7 辛香料炒香加入杏鮑菇丁、筍丁炒香

8 兩樣食材炒香後加入調味料並加入1/3杯高湯

9 湯汁煮開後加入所有材料快速拌均勻後盛盤

10 食材完成圖

Chinese
Food
Cooking

MEMO

Chinese
Food
Cooking

伍

技術士技能檢定
中餐烹調丙級學科
測試試題

技術士技能檢定中餐烹調丙級學科測試試題

《 工作項目 ①1 食物性質之認識 》

1. （3）下列何種食物不屬堅果類？ (1)核桃 (2)腰果 (3)黃豆 (4)杏仁。

2. （2）以發酵方法製作泡菜，其酸味是來自於醃漬時的 (1)碳酸菌 (2)乳酸菌 (3)酵母菌 (4)酒釀。

3. （4）醬油膏比一般醬油濃稠是因為 (1)醱酵時間較久 (2)加入了較多的糖與鹽 (3)濃縮了，水分含量較少 (4)加入修飾澱粉在內。

4. （1）深色醬油較適用於何種烹調法？ (1)紅燒 (2)炒 (3)蒸 (4)煎。

5. （4）食用油若長時間加高溫，其結果是 (1)能殺菌、容易保存 (2)增加油色之美觀 (3)增長使用期限 (4)產生有害物質。

6. （2）沙拉油品質愈好則 (1)加熱後愈容易冒煙 (2)加熱後不易冒煙 (3)一經加熱即很快起泡沫 (4)不加熱也含泡沫。

7. （3）通常所稱之奶油(Butter)係由 (1)牛肉中抽出之油 (2)牛肉中之肥肉部分，油炸而出之油 (3)牛乳內抽出之油脂 (4)由植物油精製 成。

8. （2）添加相同比例量的水於糯米中，烹煮後的圓糯米比尖糯米之質地 (1)較硬 (2)較軟 (3)較鬆散 (4)相同。

9. （1）含有筋性的粉類是 (1)麵粉 (2)玉米粉 (3)太白粉 (4)甘藷粉。

10. （2）下列何種澱粉以手捻之有滑感？ (1)麵粉 (2)太白粉 (3)泡達粉 (4)在來米粉。

11. （1）麵糰添加下列何種調味料可促進其延展性？ (1)鹽 (2)胡椒粉 (3)糖 (4)醋。

12. （1）「粉蒸肉」之材料宜用 (1)五花肉 (2)里肌肉 (3)豬蹄 (4)豬頭肉。

13. （2）製作包子之麵粉宜選用下列何者？ (1)低筋麵粉 (2)中筋麵粉 (3)高筋麵粉 (4)澄粉。

14. （3）花生與下列何種食物性質差異最大？ (1)核桃 (2)腰果 (3)綠豆 (4)杏仁。

15. （4）如貯藏不當易產生黃麴毒素的食品是 (1)蛋 (2)肉 (3)魚 (4)花生。

16. （3）因存放日久而發芽以致產生茄靈毒素，不能食用之食物是 (1)洋蔥 (2)胡蘿蔔 (3)馬鈴薯 (4)毛豆。

17. （2）下列食品何者含澱粉質較多？ (1)荸薺 (2)馬鈴薯 (3)蓮藕 (4)豆薯〔刈薯〕。

18. （4）下列食品何者為非發酵食品？ (1)醬油 (2)米酒 (3)酸菜 (4)牛奶。

19. （1）大茴香俗稱 (1)八角 (2)丁香 (3)花椒 (4)甘草。

20. （3）腐竹是用下列何種食材加工製成的？ (1)綠豆 (2)紅豆 (3)黃豆 (4)花豆。

21. （2）豆腐是以 (1)花豆 (2)黃豆 (3)綠豆 (4)紅豆 為原料製作而成的。

22. （ 3 ） 經烹煮後顏色較易保持綠色的蔬菜為　(1)小白菜　(2)空心菜　(3)芥蘭菜　(4)青江菜。

23. （ 3 ） 魚類的脂肪分佈在　(1)皮下　(2)魚背　(3)腹部　(4)魚肉　為多。

24. （ 3 ） 低脂奶是指牛奶中　(1)蛋白質　(2)水分　(3)脂肪　(4)鈣　含量低於鮮奶。

25. （ 2 ） 下列何種食物切開後會產生褐變？　(1)木瓜　(2)楊桃　(3)鳳梨　(4)釋迦。

26. （ 4 ） 肝臟比肉類容易煮熟是因　(1)脂肪成份少　(2)蛋白質成份少　(3)醣份少　(4)結締組織少　的關係。

27. （ 2 ） 下列哪一種物質是禁止作為食品添加物使用？　(1)小蘇打　(2)硼砂　(3)味素　(4)紅色6號色素。

28. （ 2 ） 假設製作下列菜餚的魚在烹調前都一樣新鮮，你認為烹調後何者可放置較長的時間？　(1)清蒸魚　(2)糖醋魚　(3)紅燒魚　(4)生魚片。

29. （ 2 ） 「走油扣肉」應用　(1)排骨肉　(2)五花肉　(3)里肌肉　(4)梅花肉（胛心肉）　來 做為佳。

30. （ 3 ） 菜名中含有「雙冬」二字，常見的是哪二項材料？　(1)冬瓜、冬筍　(2)冬菇、冬菜　(3)冬菇、冬筍　(4)冬菇、冬瓜。

31. （ 4 ） 菜名中有「發財」二字的菜，其所用材料通常會有　(1)香菇　(2)金針　(3)蝦米　(4)髮菜。

32. （ 4 ） 銀芽是指　(1)綠豆芽　(2)黃豆芽　(3)苜蓿芽　(4)去掉頭尾的綠豆芽。

33. （ 1 ） 食物腐敗通常出現的現象為　(1)發酸或產生臭氣　(2)鹽分增加　(3)蛋白質變硬　(4)重量減輕。

34. （ 3 ） 製造香腸、火腿時加硝的目的為　(1)增加維生素含量　(2)縮短醃製的時間　(3)保持色澤及抑制細菌生長　(4)使肉質軟嫩，縮短烹調的時間。

35. （ 4 ） 發霉的穀類含有　(1)氰化物　(2)生物鹼　(3)蕈毒鹼　(4)黃麴毒素　對人體有害，不宜食用。

36. （ 4 ） 下列何種食物發芽後會產生毒素而不宜食用？　(1)紅豆　(2)綠豆　(3)花生　(4)馬鈴薯。

37. （ 3 ） 烹調豬肉一定要熟透，其主要原因是為了防止何種物質危害健康？　(1)血水　(2)硬筋　(3)寄生蟲　(4)抗生素。

38. （ 3 ） 黃麴毒素容易存在於　(1)家禽類　(2)魚貝類　(3)花生、玉米　(4)內臟類。

39. （ 3 ） 製作油飯時，為使其口感較佳，較常選用　(1)蓬萊米　(2)在來米　(3)長糯米　(4)圓糯米。

40. （ 2 ） 酸辣湯的辣味來自於　(1)芥茉粉　(2)胡椒粉　(3)花椒粉　(4)辣椒粉。

41. （ 2 ） 為使製作的獅子頭（肉丸）質脆味鮮，最適宜添加下列何物來改變肉的質地？　(1)豆腐　(2)荸薺　(3)蓮藕　(4)牛蒡。

42. (3) 下列何者為較新鮮的蛋？ (1)蛋殼光滑者 (2)氣室大的蛋 (3)濃厚蛋白量較多者 (4)蛋白彎曲度小的。

43. (2) 製作蒸蛋時，添加何種調味料將有助於增加其硬度？ (1)蔗糖 (2)鹽 (3)醋 (4)酒。

44. (2) 下列哪一種為天然膨大劑？ (1)發粉 (2)酵母 (3)小蘇打 (4)阿摩尼亞。

45. (1) 乾米粉較耐保存之原因為 (1)產品乾燥含水量低 (2)含多量防腐劑 (3)包裝良好 (4)急速冷卻。

46. (4) 冷凍食品是一種 (1)不夠新鮮的食物放入低溫冷凍而成 (2)將腐敗的食物冰凍起來 (3)添加化學物質於食物中並冷凍而成 (4)把品質良好之食物，處理後放在低溫下，使之快速凍結 之食品。

47. (2) 油炸食物後應 (1)將油倒回新油容器中 (2)將油渣過濾掉，另倒在乾淨容器中 (3)將殘渣留在油內以增加香味 (4)將油倒棄於水槽內。

48. (3) 罐頭可以保存較長的時間，主要是因為 (1)添加防腐劑在內 (2)罐頭食品濃稠度高，細菌不易繁殖 (3)食物經過脫氣密封包裝，再加以高溫殺菌 (4)罐頭為密閉的容器與空氣隔絕，外界氣體無法侵入。

49. (4) 食物烹調的原則宜為 (1)調味料愈多愈好 (2)味精用量為食物重量的百分之五 (3)運用簡便的高湯塊 (4)原味烹調。

50. (3) 下列材料何者不適合應用於素食中？ (1)辣椒 (2)薑 (3)蕗蕎 (4)九層塔。

51. (1) 「造型素材」如素魚、素龍蝦應少食用的原因為 (1)高添加物、高色素、高調味料 (2)低蛋白、高價位 (3)造型欠缺真實感 (4)高香料、高澱粉。

52. (2) 大部分的豆類不宜生食係因 (1)味道噁心 (2)含抗營養因子 (3)過於堅硬，難以吞嚥 (4)不易消化。

53. (4) 選擇生機飲食產品時，應先考慮 (1)物美價廉 (2)容易烹調 (3)追求流行 (4)個人身體特質。

54. (3) 一般製造素肉（人造肉） 的原料是 (1)玉米 (2)雞蛋 (3)黃豆 (4)生乳。

55. (4) 所謂原材料，係指 (1)原料及食材 (2)乾貨及生鮮食品 (3)主原料、副原料及食品添加物 (4)原料及包裝材料。

56. (4) 肉經加熱烹煮，會產生收縮的情形，是由於加熱使得肉的 (1)礦物質 (2)筋骨質 (3)磷質 (4)蛋白質 凝固，析出肉汁的關係。

57. (3) 一般深色的肉比淺色的肉所含 (1)礦物質 (2)蛋白質 (3)鐵質 (4)磷質 為多。

58. (1) 麵粉糊中加了油，在烹炸食物時，會使外皮 (1)酥脆 (2)柔軟 (3)僵硬 (4)變焦。

59. (3) 將蛋放入6%的鹽水中，呈現半沉半浮表示蛋的品質為下列何者？ (1)重量夠 (2)愈新鮮 (3)不新鮮 (4)品質好。

60. (2) 米粒粉主要是用來作為 (1)酥炸的裹粉 (2)粉蒸肉的裹粉 (3)煮飯添加粉 (4)煙燻材料。

61. (1) 一般湯包內的湯汁形成是靠 (1)豬皮的膠質 (2)動物的脂肪 (3)水 (4)白菜汁 作內餡。

62. （2）乾燥金針容易有 (1)一氧化硫 (2)二氧化硫 (3)氯化鈉 (4)氫氧化鈉 殘留過量的問題，所以挑選金針時，以有優良金針標誌者為佳。

63. （1）對光照射鮮蛋，品質愈差的蛋其氣室 (1)愈大 (2)愈小 (3)不變 (4)無氣室。

64. （3）蘆筍筍尖尚未出土前採收的地下嫩莖為下列何者？ (1)筊白筍 (2)青蘆筍 (3)白蘆筍 (4)綠竹筍。

65. （1）下列何種魚的內臟被稱為龍腸？ (1)曼波魚 (2)鯨魚 (3)鱈魚 (4)石斑魚。

66. （2）螃蟹蒸熟後的腳容易斷是因為下列何種原因？ (1)烹調前腳沒有綁住 (2)烹調前沒有冰鎮處理 (3)烹調前眼睛要遮住 (4)烹調前腳沒有清洗。

67. （1）下列何種魚有迴游習性？ (1)鮭魚 (2)草魚 (3)飛魚 (4)鯊魚。

68. （2）蛋黃醬中因含有 (1)糖 (2)醋酸 (3)沙拉油 (4)芥末粉 細菌不易繁殖，因此不易腐敗。

69. （2）蛋黃醬之保存性很強，在室溫約可貯存多久？ (1)一個月 (2)三個月 (3)五個月 (4)七個月。

70. （3）煮糯米飯(未浸過水)所用的水分比白米飯少，通常是白米飯水量的 (1)1/2 (2)1/3 (3)2/3 (4)1/4。

71. （2）炒牛毛肚(重瓣胃)應用 (1)文火 (2)武火 (3)文武火 (4)煙火 以免肉質過老而口感差。

72. （3）將炸過或煮熟之食物材料，加調味料及少許水，再放回鍋中炒至無汁且入味的烹調法是？ (1)煨 (2)燴 (3)煸 (4)燒。

【工作項目 02 食物選購】

1. （3）蛋黃的彎曲度愈高者，表示該蛋愈 (1)腐敗 (2)陳舊 (3)新鮮 (4)與新鮮度沒有關係。

2. （2）買雞蛋時宜選購 (1)蛋殼光潔平滑者 (2)蛋殼乾淨且粗糙者 (3)蛋殼無破損即可 (4)蛋殼有特殊顏色者。

3. （1）選購皮蛋的技巧為下列何者？ (1)蛋殼表面與生蛋一樣，無黑褐色斑點者 (2)蛋殼有許多粗糙斑點者 (3)蛋殼光滑即好，有無斑點皆不重要 (4)價格便宜者。

4. （3）鹹蛋一般是以 (1)火雞蛋 (2)鵝蛋 (3)鴨蛋 (4)鴕鳥蛋 醃漬而成。

5. （3）下面哪一種是新鮮的乳品特徵？ (1)倒入玻璃杯，即見分層沉澱 (2)搖動時產生多量泡沫 (3)濃度適當、不凝固，將乳汁滴在指甲上形成球狀 (4)含有粒狀物。

6. （1）採購蔬果應先考慮之要項為 (1)生產季節與市場價格 (2)形狀與顏色 (3)冷凍品與冷藏品 (4)重量與品名。

7. （1）選購蛤蜊應選外殼 (1)緊閉 (2)微開 (3)張開 (4)粗糙 者。

8. （3）要選擇新鮮的蝦應選下列何者？ (1)頭部已帶有黑色的 (2)頭部脫落的 (3)蝦身堅硬的 (4)蝦身柔軟的。

9. （1）避免購買具有土味的淡水魚，其分辨方法可由 (1)魚鰓的黏膜細胞 (2)魚身 (3)魚鰭 (4)魚尾 所散發的味道得知。

10. （4）下列何種魚類較適合做為生魚片的食材？ (1)河流出海口的魚 (2)箱網魚 (3)近海魚 (4)深海魚。

11. （4）下列敘述何者為新鮮魚類的特徵？ (1)魚鰓成灰褐色 (2)魚眼混濁突出 (3)魚鱗脫落 (4)肉質堅挺有彈性。

12. （3）螃蟹最肥美之季節為 (1)春 (2)夏 (3)秋 (4)冬 季。

13. （2）廚師常以何種部位來辨別母蟹？ (1)螯 (2)臍 (3)蟹殼花紋 (4)肥瘦。

14. （3）「紅燒下巴」的下巴是指 (1)豬頭 (2)舌頭 (3)魚頭 (4)猴頭菇。

15. （4）製作「紅燒下巴」時常選用 (1)黃魚頭 (2)鯢魚頭 (3)鯧魚頭 (4)草魚頭。

16. （4）一般作為「紅燒划水」的材料，是使用草魚的 (1)頭部 (2)背部 (3)腹部 (4)尾部。

17. （1）正常的新鮮肉類色澤為 (1)鮮紅色 (2)暗紅色 (3)灰紅色 (4)褐色。

18. （3）炸豬排時宜使用豬的 (1)後腿肉 (2)前腿肉 (3)里肌肉 (4)五花肉。

19. （4）豬肉屠體中，肉質最柔嫩的部位是 (1)里肌肉 (2)梅花肉（胛心肉） (3)後腿肉 (4)小里肌。

20. （1）肉牛屠體中，肉質較硬，適合長時間燉煮的部位為 (1)腱子肉 (2)肋條 (3)腓力 (4)沙朗。

21. （4）一般俗稱的滷牛肉係採用牛的 (1)里肌肉 (2)和尚頭 (3)牛腩 (4)腱子肉。

22. （1）雞肉中最嫩的部份是 (1)雞柳 (2)雞腿肉 (3)雞胸肉 (4)雞翅膀。

23. （3）選購罐頭食品應注意 (1)封罐完整即好 (2)凸罐者表示內容物多 (3)封罐完整，並標示完全 (4)歪罐者為佳。

24. （1）醬油如用於涼拌菜及快炒菜為不影響色澤應選購 (1)淡色 (2)深色 (3)薄鹽 (4)醬油膏 醬油。

25. （2）絲瓜的選購以何者最佳？ (1)越輕越好 (2)越重越好 (3)越長越好 (4)越短越好。

26. （4）下列何種食物的產量與季節的關係最小？ (1)蔬菜 (2)水果 (3)魚類 (4)豬肉。

27. （3）下列何者為一年四季中價格最平穩的食物？ (1)西瓜 (2)雞蛋 (3)豆腐 (4)虱目魚。

28. （3）下列哪一種蔬菜在夏季是盛產期？ (1)高麗菜 (2)菠菜 (3)絲瓜 (4)白蘿蔔。

29. （2）下列加工食材中何者之硝酸鹽含量可能最高？ (1)蛋類 (2)肉類 (3)蔬菜類 (4)水果類。

30. （4）胚芽米中含 (1)澱粉 (2)蛋白質 (3)維生素 (4)脂肪 量較高，易酸敗、不耐貯藏。

31. （2）下列魚類何者屬於海水魚？ (1)草魚 (2)鯧魚 (3)鯽魚 (4)鱺魚。

32. （2）蛋液中添加下列何種食材，可改善蛋的凝固性與增加蛋之柔軟度？ (1)鹽 (2)牛奶 (3)水 (4)太白粉。

33. （1） 1台斤為600公克，3000公克為 (1)3公斤 (2)85兩 (3)6台斤 (4)8台斤。

34. （3） 26兩等於多少公克？ (1)26公克 (2)850公克 (3)975公克 (4)1275公克。

35. （3） 食材450公克最接近 (1)1台斤 (2)半台斤 (3)1磅 (4)8兩。

36. （2） 肉類食品產量的多少與季節的差異相關性 (1)最大 (2)最少 (3)沒有影響 (4)冬天影響較大。

37. （1） 瓜類中，冬瓜比胡瓜的儲藏期 (1)較長 (2)較短 (3)不能比較 (4)相同。

38. （4） 下列何者不屬於蔬菜？ (1)豌豆夾 (2)皇帝豆 (3)四季豆 (4)綠豆。

39. （3） 屬於春季盛產的蔬菜是 (1)麻竹筍 (2)蓮藕 (3)百合 (4)大白菜。

40. （2） 國內蔬菜水果之市場價格與 (1)生長環境 (2)生產季節 (3)重量 (4)地區性 具有密切關係。

41. （4） 下列何種食材不因季節、氣候的影響而有巨幅價格變動？ (1)海產魚類 (2)葉菜類 (3)進口蔬菜 (4)冷凍食品。

42. （3） 一般餐廳供應份數與 (1)人事費用 (2)水電費用 (3)食物材料費用 (4)房租 成正比。

43. （3） 選購以符合經濟實惠原則的罐頭，須注意 (1)價格便宜就好 (2)進口品牌 (3)外觀無破損、製造日期、使用時間、是否有歪罐或銹罐 (4)可保存五年以上者。

44. （2） 製備筵席大菜，將切割下來的邊肉及魚頭 (1)倒餿水桶 (2)轉至其他烹調 (3)帶回家 (4)沒概念。

45. （2） 主廚開功能表製備菜餚，食材的選擇應以 (1)進口食材 (2)當地及季節性食材 (3)價格昂貴的食材 (4)保育類食材 來爭取顧客認同並達到成本控制的要求。

46. （4） 良好的 (1)大量採購 (2)進口食材 (3)低價食材 (4)成本控制 可使經營者穩定產品價格，增加市場競爭力。

47. （3） 身為廚師除烹飪技術外，採購蔬果應 (1)不必在意食物生長季節問題 (2)那是採購人員的工作 (3)需注意蔬果生長與盛產季節 (4)不需考量太多合用就好。

48. （2） 一般來說肉質來源相同的肉類售價，下列何者正確？ (1)冷藏單價比冷凍單價低 (2)冷藏單價比冷凍單價高 (3)冷藏單價與冷凍單價一樣 (4)視採購量的多寡來訂單價。

49. （4） 廚師烹調時選用當季、在地的各類生鮮食材 (1)沒有特色 (2)隨時可取食物，沒價值感 (3)對消費者沒吸引力 (4)可確保食材新鮮度，經濟又實惠。

50. （3） 空心菜是夏季盛產的蔬菜屬於 (1)根莖類 (2)花果類 (3)葉菜類 (4)莖球類。

51. （4） 臺灣近海魚類的價格會受季節、氣候的影響而變動，影響最大的是 (1)雨季 (2)秋季 (3)雪季 (4)颱風季。

52. （3） 主廚對於肉品的採購，應在乎它的單價與品質，對於耗損 (1)可不必計較 (2)耗損與單價無關 (3)要求品質，對於耗損有幫助 (4)品質與耗損沒有關聯。

〖 工作項目 03 食物貯存 〗

1. （ 2 ）食品冷藏溫度最好維持在多少℃？ (1)0℃以下 (2)7℃以下 (3)10℃以上 (4)20℃以上。

2. （ 4 ）冷凍食品應保存之溫度是在 (1)4℃ (2)0℃ (3)－5℃ (4)－18℃ 以下。

3. （ 1 ）蛋置放於冰箱中應 (1)鈍端朝上 (2)鈍端朝下 (3)尖端朝上 (4)橫放。

4. （ 4 ）下列哪種食物之儲存方法是正確的？ (1)將水果放於冰箱之冷凍層 (2)將油脂放於火爐邊 (3)將鮮奶置於室溫 (4)將蔬菜放於冰箱之冷藏層。

5. （ 2 ）魚漿為了立即取用，應暫時放在 (1)冷凍庫 (2)冷藏庫 (3)乾貨庫房 (4)保溫箱中。

6. （ 1 ）冷凍櫃的溫度應保持在 (1)－18℃以下 (2)－4℃以下 (3)0℃以下 (4)4℃以下。

7. （ 4 ）食品之熱藏（高溫貯存） 溫度應保持在多少℃？ (1)30℃以上 (2)40℃以上 (3)50℃以上 (4)60℃以上。

8. （ 2 ）鹽醃的水產品或肉類 (1)不必冷藏 (2)必須冷藏 (3)必須冷凍 (4)包裝好就好。

9. （ 4 ）下列何種方法不能達到食物保存之目的？ (1)放射線處理 (2)冷凍 (3)乾燥 (4)塑膠袋包裝。

10. （ 1 ）處理要冷藏或冷凍的包裝肉品時 (1)要將包裝紙與肉之間的空氣壓出來 (2)將空氣留存在包裝紙內 (3)包裝紙愈厚愈好 (4)包裝紙與肉品之貯藏無關。

11. （ 3 ）冰箱冷藏的溫度應在 (1)12℃ (2)8℃ (3)7℃ (4)0℃ 以下。

12. （ 3 ）發酵乳品應貯放在 (1)室溫 (2)陰涼乾燥的室溫 (3)冷藏庫 (4)冷凍庫。

13. （ 2 ）冷凍食品經解凍後 (1)可以 (2)不可以 (3)無所謂 (4)沒有規定 重新冷凍出售。

14. （ 1 ）冷凍食品與冷藏食品之貯存 (1)必須分開貯存 (2)可以共同貯存 (3)沒有規定 (4)視情況而定。

15. （ 1 ）買回家的冷凍食品，應放在冰箱的 (1)冷凍層 (2)冷藏層 (3)保鮮層 (4)最下層。

16. （ 1 ）封罐良好的罐頭食品可以保存期限約 (1)三年 (2)五年 (3)七年 (4)九年。

17. （ 2 ）下列何種方法可以使肉類保持較好的品質，且為較有效的保存方法？ (1)加熱 (2)冷凍 (3)曬乾 (4)鹽漬。

18. （ 2 ）調味乳應存放在 (1)冷凍庫 (2)冷藏庫 (3)乾貨庫房 (4)室溫 中。

19. （ 4 ）甘薯最適宜的貯藏溫度為 (1)－18℃以下 (2)0～3℃ (3)3～7℃ (4)15℃左右。

20. （ 3 ）未吃完的米飯，下列保存方法以何者為佳？ (1)放在電鍋中 (2)放在室溫中 (3)放入冰箱中冷藏 (4)放在電子鍋中保溫。

21. （ 3 ）買回來的整塊肉類，以何種方法處理為宜？ (1)不加處理，直接放入冷凍庫 (2)整塊洗淨後，放入冷凍庫 (3)清洗乾淨並分切包裝好後，放入冷凍庫 (4)整塊洗淨後，放入冷藏庫貯藏。

22. （ 2 ）香蕉不宜放在冰箱中儲存，是為了避免香蕉 (1)失去風味 (2)表皮迅速變黑 (3)肉質變軟 (4)肉色褐化。

23. （4）下列水果何者不適宜低溫貯藏？ (1)梨 (2)蘋果 (3)葡萄 (4)香蕉。

24. （2）畜產品之冷藏溫度下列何者適宜？ (1)5~8℃ (2)3~5℃ (3)2~－2℃ (4)－5~－12℃。

25. （1）下列何種方法，可防止冷藏（凍）庫的二次污染？ (1)各類食物妥善包裝並分類貯存 (2)食物交互置放 (3)經常將食物取出並定期除霜 (4)增加開關庫門之次數。

26. （1）肉類貯藏時會發生一些變化，下列何者為錯誤？ (1)脂肪酸會流失 (2)肉色改變 (3)慢速敗壞 (4)重量減少。

27. （2）有關魚類貯存，下列何者不正確？ (1)新鮮的魚應貯藏在4℃以下 (2)魚覆蓋的冰愈大塊愈好 (3)魚覆蓋碎冰時要避免使魚泡在冰水中 (4)魚片冷藏應保存在防潮密封包裝袋內。

28. （2）馬鈴薯的最適宜貯存溫度為 (1)5~8℃ (2)10~15℃ (3)20~25℃ (4)30~35℃。

29. （3）關於蔬果的貯存，下列何者不正確？ (1)南瓜放在室溫貯存 (2)黃瓜需冷藏貯存 (3)青椒置密封容器貯存以防氧化 (4)草莓宜冷藏貯存。

30. （4）蛋儲藏一段時間後，品質會產生變化且 (1)比重增加 (2)氣室縮小 (3)蛋黃圓而濃厚 (4)蛋白粘度降低。

31. （2）食物安全的供應溫度是指 (1)5~60℃ (2)60℃以上、7℃以下 (3)40~100℃ (4)100℃以上、40℃以下。

32. （1）對新鮮屋包裝的果汁，下列敘述何者正確？ (1)必須保存在7℃以下的環境中 (2)運送時不一定須使用冷藏保溫車 (3)可保存在室溫中 (4)需保存在冷凍庫中。

33. （4）下列有關食物的儲藏何者為錯誤？ (1)新鮮屋鮮奶儲放在5℃以下的冷藏室 (2)冰淇淋儲放在－18℃以下的冷凍庫 (3)利樂包裝乳品（保久乳）可儲放在乾貨庫房中 (4)開罐後的奶粉為防變質宜整罐儲放在冰箱中。

34. （3）下列敘述何者為錯誤？ (1)低溫食品理貨作業應在15℃以下場所進行 (2)乾貨庫房貨物架不可靠牆，以免吸濕 (3)保溫食物應保持在50℃以上 (4)低溫食品應以低溫車輛運送。

35. （2）乾貨庫房的管理原則，下列敘述何者正確？ (1)食物以先進後出為原則 (2)相對濕度控制在40~60% (3)最適宜溫度應控制在25~37℃ (4)儘可能日光可直射以維持乾燥。

36. （3）乾貨庫房的相對濕度應維持在 (1)80％以上 (2)60~80％ (3)40~60％ (4)20~40％。

37. （4）為有效利用冷藏冷凍庫之空間並維持其品質，一般冷藏或冷凍庫的儲存食物量宜佔其空間的 (1)100% (2)90% (3)80% (4)60% 以下。

38. （4）開罐後的罐頭食品，如一次未能用完時應如何處理？ (1)連罐一併放入冰箱冷藏 (2)連罐一併放入冰箱冷凍 (3)把罐口蓋好放回倉庫待用 (4)取出內容物用保鮮盒盛裝放入冰箱冷藏或冷凍。

39. （ 4 ）採購回來的冷凍草蝦，如有黑頭現象，下列何者為非？ (1)酪氨酸酵素作用的緣故 (2)冷凍不當所造成 (3)不新鮮才變黑 (4)因新鮮草蝦急速冷凍的關係。

40. （ 3 ）乾燥食品的貯存期限最主要是較不受 (1)食品中含水量的影響 (2)食品的品質影響 (3)食品重量的影響 (4)食品配送的影響。

41. （ 3 ）冷藏的主要目的在於 (1)可以長期保存 (2)殺菌 (3)暫時抑制微生物的生長以及酵素的作用 (4)方便配菜與烹調。

42. （ 2 ）冷凍庫應隨時注意冰霜的清除，主要原因是 (1)以免被師傅或老闆責罵 (2)保持食品安全與衛生 (3)因應衛生檢查 (4)個人的表現。

43. （ 4 ）冷凍與冷藏的食品均屬低溫保存方法 (1)可長期保存不必詳加區分 (2)不需先進先出用完即可 (3)不需有使用期限的考量 (4)應在有效期限內儘速用完。

44. （ 3 ）鮮奶容易酸敗，為了避免變質 (1)應放在室溫中 (2)應放在冰箱冷凍 (3)應放在冰箱冷藏 (4)應放在陰涼通風處。

45. （ 3 ）鹽漬的水產品或肉類，使用後若有剩餘應 (1)可不必冷藏 (2)放在陰涼通風處 (3)放置冰箱冷藏 (4)放在陽光充足的通風處。

46. （ 2 ）新鮮葉菜類買回來後若隔夜烹煮，應包裝好 (1)存放於冷凍庫中 (2)放於冷藏庫中 (3)放在通風陰涼處 (4)泡在水中。

47. （ 1 ）依據HACCP(食品安全管制系統)之規定，蔬菜、水產、畜產原料或製品貯藏應該 (1)分開包裝，分開貯藏 (2)不必包裝一起貯藏 (3)一起包裝一起貯藏 (4)不必包裝，分開貯藏。

48. （ 4 ）生鮮肉類的保鮮冷藏時間可長達 (1)10天 (2)7天 (3)5天 (4)2天。

49. （ 4 ）鮮奶如需熱飲，各銷售商店可將瓶裝鮮奶加溫至 (1)30℃ (2)40℃ (3)50℃ (4)60℃ 以上。

50. （ 1 ）一般食用油應貯藏在 (1)陰涼乾燥的地方 (2)陽光充足的地方 (3)密閉陰涼的地方 (4)室外屋簷下 以減緩油脂酸敗。

51. （ 2 ）米應存放於 (1)陽光充足乾燥的環境中 (2)低溫乾燥環境中 (3)陰冷潮濕的環境中 (4)放於冷凍冰箱中。

52. （ 3 ）買回來的冬瓜表面上有白霜是 (1)發霉現象 (2)糖粉 (3)成熟的象徵 (4)快腐爛掉的現象。

53. （ 1 ）皮蛋又叫松花蛋，其製作過程是新鮮蛋浸泡於鹼性物質中，並貯放於 (1)陰涼通風處 (2)冷藏室 (3)冷凍室 (4)陽光充足處 密封保存。

54. （ 2 ）油脂開封後未用完部分應 (1)不需加蓋 (2)隨時加蓋 (3)想到再蓋 (4)放冰箱不用蓋。

55. （ 3 ）乾料放入儲藏室其數量不得超過儲藏室空間的 (1)40% (2)50% (3)60% (4)70% 以上。

56. （ 4 ）發霉的年糕應 (1)將霉刮除後即可食用 (2)洗淨後即可食用 (3)將霉刮除洗淨後即可食用 (4)不可食用。

57. （ 2 ）下列食物加工處理後何者不適宜冷凍貯存？ (1)甘薯 (2)小黃瓜 (3)芋頭 (4)胡蘿蔔。

58. （ 1 ）蔬果產品之冷藏溫度下列何者為宜？ (1)5~7℃ (2)2~4℃ (3)2~-2℃ (4)-5~-12℃。

59. （ 2 ）一般罐頭食品 (1)需冷藏 (2)不需冷藏 (3)需凍藏 (4)需冰藏 ，但其貯存期限的長短仍受環境溫度的影響。

60. （ 2 ）買回來的冷凍肉，除非立刻烹煮，否則應放於 (1)冷藏庫 (2)冷凍庫 (3)陰涼處 (4)室內通風處。

61. （ 4 ）剛買回來整箱（紙箱包裝）生鮮水果，應放於 (1)冷藏庫地上貯存 (2)冷凍庫地上貯存 (3)冷藏庫架子上貯存 (4)室溫架子上貯存。

62. （ 1 ）封罐不良歪斜的罐頭食品可否保存與食用？ (1)否 (2)可 (3)可保存1年內用完 (4)可保存3個月內用完。

63. （ 2 ）甘薯買回來不適宜貯藏的溫度為 (1)18℃ (2)0~3℃ (3)20℃ (4)15℃ 左右。

64. （ 4 ）以紅外線保溫的食物，溫度必須控制在 (1)7℃ (2)30℃ (3)50℃ (4)60℃ 以上。

65. （ 1 ）下列何種肉品貯藏期最短最容易變質？ (1)絞肉 (2)里肌肉 (3)排骨 (4)五花肉。

66. （ 4 ）原料、物料之貯存，為避免混雜使用應依下列何種原則，以免食物因貯存太久而變壞、變質？ (1)方便就好 (2)先進後出 (3)後進先出 (4)先進先出。

67. （ 3 ）餐飲業實施HACCP（食品安全管制系統）儲存管理，生、熟食貯存 (1)一起疊放熟食在生食上方 (2)分開放置熟食在生食下方 (3)分開放置熟食在生食上方 (4)一起放置熟食在生食上方 以免交叉汙染。

68. （ 2 ）魚類買回來如隔夜後才要烹調，其保存方式是將魚鱗、內臟去除洗淨後 (1)直接放於低溫的冷凍庫中 (2)分別包裝放於冷凍庫中 (3)分別包裝放於室溫陰涼處，且愈早使用愈好 (4)分別包裝放於冷藏庫中。

69. （ 1 ）冰箱可以保持食物新鮮度，且食品放入之數量應為其容量的多少以下？ (1)60% (2)70% (3)80% (4)90%。

70. （ 4 ）生鮮香辛料要放於下列何種環境中貯存？ (1)陰涼通風處 (2)陽光充足處 (3)冰箱冷凍庫 (4)冰箱冷藏庫。

71. （ 2 ）放置冰箱冷藏的豬碎肉、豬肝、豬心應在多久內用完？ (1)1週內 (2)1~2天內 (3)3~4天內 (4)1個月內。

72. （ 4 ）餐飲業實施HACCP(食品安全管制系統)正確的化學物質儲存管理應在原盛裝容器內並 (1)專人看顧 (2)專櫃放置 (3)專人專櫃放置 (4)專人專櫃專冊放置。

〖 工作項目 04 食物製備 〗

1. （ 4 ）扣肉是以論 (1)秒 (2)分 (3)刻 (4)時 為火候的菜餚。

2. （ 3 ）較老的肉宜採下列何種烹煮法？ (1)切片快炒 (2)切片油炸 (3)切塊紅燒 (4)川燙。

3. （ 4 ）將食物煎或炒以後再加入醬油、糖、酒及水等佐料放在慢火上烹煮的方式，為下列何者？ (1)燴 (2)溜 (3)爆 (4)紅燒。

4. （ 4 ）經過初熟處理的牛肉、豬肝爆炒時應用 (1)文火溫油 (2)文火熱油 (3)旺火溫油 (4)旺火熱油。

5. （ 4 ）「爆」的菜應使用 (1)微火 (2)小火 (3)中火 (4)大火 來做。

6. （ 4 ）製作「燉」、「煨」的菜餚，應用 (1)大火 (2)旺火 (3)武火 (4)文火。

7. （ 4 ）中式菜餚所謂「醬爆」是指用 (1)蕃茄醬 (2)沙茶醬 (3)芝麻醬 (4)甜麵醬 來做。

8. （ 2 ）油炸掛糊食物以下列哪一溫度最適當？ (1)140℃ (2)180℃ (3)240℃ (4)260℃。

9. （ 4 ）煎荷包蛋時應用 (1)旺火 (2)武火 (3)大火 (4)文火。

10. （ 1 ）做清蒸魚時宜用 (1)武火 (2)文武火 (3)文火 (4)微火。

11. （ 1 ）刀工與火候兩者之間的關係 (1)非常密切 (2)有關係但不重要 (3)有些微關係 (4)互不相干。

12. （ 2 ）為使牛肉肉質較嫩，切肉絲時應 (1)順著肉紋切 (2)橫著肉紋切 (3)斜著肉紋切 (4)隨意切。

13. （ 3 ）製作拼盤（冷盤） 時最著重的要點是在 (1)刀工 (2)排盤 (3)刀工與排盤 (4)火候。

14. （ 3 ）泡乾魷魚時須 (1)先泡冷水後泡鹼水 (2)先泡鹼水後泡冷水 (3)先泡冷水後泡鹼水再漂冷水 (4)冷水、鹼水先後不拘。

15. （ 4 ）洗豬網油時宜用 (1)擦洗法 (2)刮洗法 (3)沖洗法 (4)漂洗法。

16. （ 1 ）洗豬舌、牛舌時宜用 (1)刮洗法 (2)擦洗法 (3)沖洗法 (4)漂洗法。

17. （ 1 ）豬腳的清洗方法以 (1)刮洗法 (2)擦洗法 (3)沖洗法 (4)漂洗法 為宜。

18. （ 3 ）剖魚肚時，不要弄破魚膽，否則魚肉會有 (1)酸味 (2)臭味 (3)苦味 (4)澀味。

19. （ 1 ）一般生鮮蔬菜之前處理宜採用 (1)先洗後切 (2)先切後洗 (3)先泡後洗 (4)洗、切、泡、醃無一定的順序。

20. （ 2 ）清洗蔬菜宜用 (1)擦洗法 (2)沖洗法 (3)泡洗法 (4)漂洗法。

21. （ 1 ）貝殼類之處理應該先做到 (1)去沙洗淨 (2)冷凍以保新鮮 (3)擦拭殼面 (4)去殼取肉。

22. （ 4 ）洗豬腦時宜用 (1)刮洗法 (2)擦洗法 (3)沖洗法 (4)漂洗法。

23. （ 3 ）洗豬肺時宜用下列何種方式？ (1)刮洗法 (2)擦洗法 (3)沖洗法 (4)漂洗法。

24. （ 1 ）洗豬肚、豬腸時宜用 (1)翻洗法 (2)擦洗法 (3)沖洗法 (4)漂洗法。

25. （ 4 ）烹調魚類應該先做到 (1)去除骨頭 (2)頭尾不用 (3)去皮去骨 (4)清除魚鱗、內臟及鰓。

26. （ 4 ）熬高湯時，應在何時下鹽？ (1)一開始時 (2)水煮滾時 (3)製作中途時 (4)湯快完成時。

27. （3） 烹調上所謂的五味是指 (1)酸甜苦辣辛 (2)酸甜苦辣麻 (3)酸甜苦辣鹹 (4)酸甜苦辣甘。

28. （3） 中式菜餚講究溫度，試請安排下列三菜上桌順序？(甲)清蒸鮮魚、(乙)紅燒烤麩、(丙)魚香烘蛋 (1)甲乙丙 (2)乙甲丙 (3)乙丙甲 (4)丙甲乙。

29. （4） 下列的烹調方法中何者可不勾芡？ (1)溜 (2)羹 (3)燴 (4)燒。

30. （2） 為製作「宮保魷魚」應添加何種香辛料？ (1)紅辣椒 (2)乾辣椒 (3)青辣椒 (4)辣椒粉。

31. （4） 牛腩的調理以 (1)炸 (2)炒 (3)爆 (4)燉 為適合。

32. （2） 漿蝦仁時需添加哪幾種佐料？ (1)鹽、蛋黃、太白粉 (2)鹽、蛋白、太白粉 (3)糖、全蛋、太白粉 (4)糖、全蛋、玉米粉。

33. （4） 做蝦丸時為使其滑嫩可口，一般都摻下列何種食材拌合？ (1)水 (2)太白粉 (3)蛋白 (4)肥肉、蛋白與太白粉。

34. （1） 蝦仁要炒得滑嫩且爽脆，必須先 (1)擦乾水分後拌入蛋白和太白粉 (2)拌入油 (3)放多量蛋白 (4)放小蘇打 去醃。

35. （1） 勾芡是烹調中的一項技巧，可使菜餚光滑美觀、口感更佳，為達「明油亮芡」的效果應 (1)勾芡時用炒瓢往同一方向推拌 (2)用炒瓢不停地攪拌 (3)用麵粉來勾芡 (4)芡粉中添加小蘇打。

36. （1） 添加下列何種材料，可使蛋白打得更發？ (1)檸檬汁 (2)沙拉油 (3)蛋黃 (4)鹽。

37. （1） 烹調時調味料的使用應注意下列何者？ (1)種類與用量 (2)美觀與外形 (3)顧客的喜好 (4)經濟實惠。

38. （1） 解凍方法對冷凍肉的品質影響頗大，應避免解凍時將冷凍肉放於 (1)水中浸泡 (2)微波爐 (3)冷藏庫 (4)塑膠袋內包紮好後於流動水中 解凍。

39. （2） 買回來的橘子或香蕉等有外皮的水果，供食之前 (1)不必清洗 (2)要清洗 (3)擦拭一下 (4)最好加熱。

40. （4） 蛋黃醬（沙拉醬） 之製作原料為 (1)豬油、蛋、醋 (2)牛油、蛋、醋 (3)奶油、蛋、醋 (4)沙拉油、蛋、醋。

41. （4） 下列何者不是蛋黃醬（沙拉醬） 之基本材料？ (1)蛋黃 (2)白醋 (3)沙拉油 (4)牛奶。

42. （1） 新鮮蔬菜烹調時火候應 (1)旺火速炒 (2)微火慢炒 (3)旺火慢炒 (4)微火速炒。

43. （4） 胡蘿蔔切成簡式的花紋做為配菜用，稱之為 (1)滾刀片 (2)長形片 (3)圓形片 (4)水花片。

44. （3） 哈士蟆是指雪蛤體內的 (1)唾液 (2)肌肉 (3)輸卵管及卵巢上的脂肪 (4)腸 通常為製作「雪蛤膏」的食材。

45. （3） 煎蛋皮時為使蛋皮不容易破裂又漂亮，應添加何種佐料？ (1)味素、太白粉 (2)糖、太白粉 (3)鹽、太白粉 (4)玉米粉、麵粉。

46. （4）「雀巢」的製作使用下列哪種材料為佳？ (1)通心麵 (2)玉米粉 (3)太白粉 (4)麵條。

47. （3）傳統江浙式的「醉雞」是使用何種酒浸泡？ (1)米酒 (2)高粱酒 (3)紹興酒 (4)啤酒。

48. （2）製作紅燒肉宜選用豬肉的哪一部位？ (1)里肌肉 (2)五花肉 (3)前腿 (4)小里肌。

49. （3）「京醬肉絲」傳統的作法，舖底是用 (1)蒜白 (2)筍絲 (3)蔥白絲 (4)綠豆芽。

50. （2）牛肉不易燉爛，於烹煮前可加入些 (1)小蘇打 (2)木瓜 (3)鹼粉 (4)泡打粉 浸漬，促使牛肉易爛且不會破壞其中所含有的維生素。

51. （2）一般「佛跳牆」是使用何種容器盛裝上桌？ (1)湯碗 (2)甕 (3)水盤 (4)湯盤。

52. （1）經過洗滌、切割或熟食處理後的生料或熟料，再用調味料直接調味而成的菜餚，其烹調方法為下列何者？ (1)拌 (2)煮 (3)蒸 (4)炒。

53. （3）依中餐烹調檢定標準，食物製備過程中，高污染度的生鮮材料必須採取下列何種方式？ (1)優先處理 (2)中間處理 (3)最後處理 (4)沒有規定。

54. （1）三色煎蛋的洗滌順序，下列何者正確？ (1)香菇→小黃瓜→蔥→胡蘿蔔→蛋 (2)蛋→胡蘿蔔→蔥→小黃瓜→香菇 (3)小黃瓜→蔥→香菇→蛋→胡蘿蔔 (4)蛋→香菇→蔥→小黃瓜→胡蘿蔔。

55. （4）製備熱炒菜餚，刀工應注意 (1)絲要粗 (2)片要薄 (3)丁要大 (4)刀工均勻。

56. （1）刀身用力的方向是「向前推出」，適用於質地脆硬的食材，例如筍片、小黃瓜片蔬果等切片的刀法，稱之為 (1)推刀法 (2)拉刀法 (3)剞刀法 (4)批刀法。

57. （4）凡以「宮保」命名的菜，都要用到下列何者？ (1)青椒 (2)紅辣椒 (3)黃椒 (4)乾辣椒。

58. （1）珍珠丸子是以糯米包裹在肉丸子的外表，以何種烹調製成？ (1)蒸 (2)煮 (3)炒 (4)炸。

59. （1）羹類菜餚勾芡時，最好用 (1)中小火 (2)猛火 (3)大火 (4)旺火。

60. （2）「爆」的時間要比「炒」的時間 (1)長 (2)短 (3)相同 (4)不一定。

61. （4）下列刀工中何者為不正確？ (1)「粒」比「丁」小 (2)「末」比「粒」小 (3)「茸」比「末」細 (4)「絲」比「條」粗。

62. （2）松子腰果炸好，放冷後顏色會 (1)變淡 (2)變深 (3)變焦 (4)不變。

63. （1）醬油如用於涼拌菜及快炒菜應選購 (1)淡色 (2)深色 (3)薄鹽 (4)油膏 醬油。

64. （3）製作「茄汁豬排」時，為使之「嫩」通常是 (1)切薄片 (2)切絲 (3)拍打浸料 (4)切厚片。

65. （3）炸豬排通常使用豬的 (1)後腿肉 (2)前腿肉 (3)里肌肉 (4)五花肉。

66. （1）製作完成之菜餚應注意 (1)不可重疊放置 (2)交叉放置 (3)可重疊放置 (4)沒有規定。

67. （4）菜餚如須復熱，其次數應以 (1)四次 (2)三次 (3)二次 (4)一次 為限。

68.（1）食物烹調足夠與否並非憑經驗或猜測而得知，應使用何種方法辨識 (1)溫度計 (2)剪刀 (3)筷子 (4)湯匙。

69.（4）生鮮石斑魚最理想的烹調方法為下列何者？ (1)油炸 (2)煙燻 (3)煎 (4)清蒸。

工作項目 05 排盤與裝飾

1.（4）盤飾使用胡蘿蔔立體切雕的花，應該裝飾在 (1)燴 (2)羹 (3)燉 (4)冷盤 的菜上。

2.（2）製作整個的蹄膀（如冰糖蹄膀） 宜選用 (1)方盤 (2)圓盤 (3)橢圓形盤（腰子盤） (4)任何形狀的盤子 盛裝。

3.（4）整條紅燒魚宜以 (1)深盤 (2)圓盤 (3)方盤 (4)橢圓盤（腰子盤） 盛裝。

4.（3）下列哪種烹調方法的菜餚，可以不必排盤即可上桌？ (1)蒸 (2)烤 (3)燉 (4)炸。

5.（2）盛菜時，頂端宜略呈 (1)三角形 (2)圓頂形 (3)平面形 (4)菱形 較為美觀。

6.（3）「松鶴延年」拼盤宜用於 (1)滿月 (2)週歲 (3)慶壽 (4)婚禮 的宴席上。

7.（2）做為盤飾的蔬果，下列的條件何者為錯誤？ (1)外形好且乾淨 (2)用量可以超過主體 (3)葉面不能有蟲咬的痕跡 (4)添加的色素為食用色素。

8.（4）製作拼盤時，何者較不重要？ (1)刀工 (2)排盤 (3)配色 (4)火候。

9.（4）盛裝「鴿鬆」的蔬菜最適宜用 (1)大白菜 (2)紫色甘藍 (3)高麗菜 (4)結球萵苣。

10.（4）盤飾用的蕃茄通常適用於 (1)蒸 (2)燴 (3)紅燒 (4)冷盤 的菜餚上。

11.（3）為求菜餚美觀，餐盤裝飾的材料適宜採用下列何種？ (1)為了成本考量，模型較實際 (2)塑膠花較便宜，又可以回收使用 (3)為硬脆的瓜果及根莖類蔬菜 (4)撿拾腐木及石頭或樹葉較天然。

12.（3）勾芡而且多汁的菜餚應盛放於 (1)魚翅盅較高級 (2)淺盤 (3)深盤 (4)平盤 較為合適。

13.（4）排盤之裝飾物除了要注意每道菜本身的主材料、副材料及調味料之間的色彩，也要注意不同菜餚之間的色彩調和度 (1)選擇越豐富、多樣性越好 (2)不用考慮太多浪費時間 (3)選取顏色越鮮艷者越漂亮即可 (4)不宜喧賓奪主，宜取可食用食材。

14.（3）用過的蔬果盤飾材料，若想留至隔天使用，蔬果應 (1)直接放在工作檯，使用較方便 (2)直接泡在水中即可 (3)清洗乾淨以保鮮膜覆蓋，放置冰箱冷藏 (4)直接放置冰箱冷藏。

工作項目 06 器具設備之認識

1.（4）用蕃茄簡單地雕一隻蝴蝶所需的工具是 (1)果菜挖球器 (2)長竹籤 (3)短竹籤 (4)片刀。

2.（2）剁雞時應使用 (1)片刀 (2)骨刀 (3)尖刀 (4)水果刀。

3.（3）下列刀具，何者厚度較厚？ (1)水果刀 (2)片刀 (3)骨刀 (4)尖刀。

4. （4）片刀主要用來切 (1)雞腿 (2)豬腳 (3)排骨 (4)豬肉。

5. （3）不銹鋼工作檯的優點，下列何者不正確？ (1)易於清理 (2)不易生銹 (3)不耐腐蝕 (4)使用年限長。

6. （4）最適合用來做為廚房準備食物的工作檯材質為 (1)大理石 (2)木板 (3)玻璃纖維 (4)不銹鋼。

7. （1）為使器具不容易藏污納垢，設計上何者不正確？ (1)四面採直角設計 (2)彎曲處呈圓弧型 (3)與食物接觸面平滑 (4)完整而無裂縫。

8. （1）消毒抹布時應以100℃沸水煮沸 (1)5分鐘 (2)10分鐘 (3)15分鐘 (4)20分鐘。

9. （2）盛裝粉質乾料（如麵粉、太白粉） 之容器，不宜選用 (1)食品級塑膠材質 (2)木桶附蓋 (3)玻璃材質且附緊密之蓋子 (4)食品級保鮮盒。

10. （1）傳熱最快的用具是以 (1)鐵 (2)鉛 (3)陶器 (4)琺瑯質 所製作的器皿。

11. （1）盛放帶湯汁之甜點器皿以 (1)透明玻璃製 (2)陶器製 (3)木製 (4)不銹鋼製 最美觀。

12. （4）散熱最慢的器具為 (1)鐵鍋 (2)鋁鍋 (3)不銹鋼鍋 (4)砂碢。

13. （3）製作燉的食物所使用的容器是 (1)碗 (2)盤 (3)盅 (4)盆。

14. （2）烹製酸菜、酸筍等食物不宜用 (1)不銹鋼 (2)鋁製 (3)陶瓷製 (4)塘瓷製 容器。

15. （4）下列何種材質的容器，不適宜放在微波爐內加熱？ (1)耐熱塑膠 (2)玻璃 (3)陶瓷 (4)不銹鋼。

16. （3）下列設備何者與環境保育無關？ (1)抽油煙機 (2)油脂截流槽 (3)水質過濾器 (4)殘渣處理機。

17. （1）蒸鍋、烤箱使用過後應多久清洗整理一次？ (1)每日 (2)每2～3天 (3)每週 (4)每月。

18. （4）下列哪一種設備在製備食物時，不會使用到的？ (1)洗米機 (2)切片機 (3)攪拌機 (4)洗碗機。

19. （3）製作1000人份的伙食，以下列何種設備來煮飯較省事方便又快速？ (1)電鍋 (2)蒸籠 (3)瓦斯炊飯鍋 (4)湯鍋。

20. （4）燴的食物最適合使用的容器為 (1)淺碟 (2)碗 (3)盅 (4)深盤。

21. （1）烹調過程中，宜採用 (1)熱效率高 (2)熱效率低 (3)熱效率適中 (4)熱效率不穩定 之爐具。

22. （1）砧板材質以 (1)塑膠 (2)硬木 (3)軟木 (4)不銹鋼 為宜。

23. （1）選購瓜型打蛋器，以下列何者較省力好用？ (1)鋼絲細，條數多者 (2)鋼絲粗，條數多者 (3)鋼絲細，條數少者 (4)鋼絲粗，條數少者。

24. （1）鐵氟龍的炒鍋，宜選用下列何者器具較適宜？ (1)木製鏟 (2)鐵鏟 (3)不銹鋼鏟 (4)不銹鋼炒杓。

25. （ 3 ）下列對於刀具使用的敘述何者正確？ (1)對初學者而言，為避免割傷，刀具不宜太過鋒利 (2)為避免生銹，於使用後盡量少用水清洗 (3)可用醋或檸檬去除魚腥味 (4)刀子的材質以生鐵最佳。

26. （ 4 ）高密度聚丙烯塑膠砧板較適用於 (1)剁 (2)斬 (3)砍 (4)切。

27. （ 2 ）清洗不銹鋼水槽或洗碗機宜用下列哪一種清潔劑？ (1)中性 (2)酸性 (3)鹼性 (4)鹹性。

28. （ 4 ）量匙間的相互關係，何者不正確？ (1)1大匙為15毫升 (2)1小匙為5毫升 (3)1小匙相當於1/3大匙 (4)1大匙相當於5小匙。

29. （ 4 ）廚房設施，下列何者為非？ (1)通風採光良好 (2)牆壁最好採用白色磁磚 (3)天花板為淺色 (4)最好鋪設平滑磁磚並經常清洗。

30. （ 2 ）有關冰箱的敘述，下列何者為非？ (1)遠離熱源 (2)每天需清洗一次 (3)經常除霜以確保冷藏力 (4)減少開門次數與時間。

31. （ 2 ）油炸鍋起火時不宜 (1)用砂來滅火 (2)用水來滅火 (3)蓋緊鍋蓋來滅火 (4)用化學泡沫來滅火。

32. （ 2 ）欲檢查瓦斯漏氣的地方，最好的檢查方法為下列何者？ (1)以火柴點火 (2)塗抹肥皂水 (3)以鼻子嗅察 (4)以點火槍點火。

33. （ 4 ）被燙傷時的立即處理法是 (1)以油塗抹 (2)以漿糊塗抹 (3)以醬油塗抹 (4)沖冷水。

34. （ 2 ）地震發生時，廚房工作人員應 (1)立刻搭電梯逃離 (2)立即關閉瓦斯、電源，經由樓梯快速逃出 (3)原地等候地震完畢 (4)逃至頂樓等候救援。

35. （ 3 ）廚房每日實際生產量嚴禁超過 (1)一般生產量 (2)沒有規範 (3)最大安全量 (4)最小安全量。

36. （ 3 ）廚房瓦斯漏氣第一時間動作是 (1)關閉電源 (2)迅速呈報 (3)打開門窗 (4)打開抽風機。

37. （ 4 ）安全的維護是 (1)安全人員的責任 (2)經理人員的責任 (3)廚工的責任 (4)全體工作人員的責任。

38. （ 1 ）廚房排水溝宜採用何種材料？ (1)不銹鋼 (2)塑鋼 (3)水泥 (4)生鐵。

39. （ 2 ）大型冷凍庫及冷藏庫須裝上緊急用電鈴及開啟庫門之安全閥栓，應 (1)由外向內 (2)由內向外 (3)視情況而定 (4)沒有規定。

40. （ 4 ）廚房工作檯上方之照明燈具，加裝燈罩是因為 (1)節省能源 (2)美觀 (3)增加亮度 (4)防止爆裂造成食物汙染。

41. （ 4 ）殺蟲劑應放置於 (1)廚房內置物架 (2)廚房角落 (3)廁所 (4)廚房外專櫃。

42. （ 4 ）食物調理檯面，應使用何種材質為佳？ (1)塑膠材質 (2)水泥 (3)木頭材質 (4)不鏽鋼。

43. （ 3 ）廚房滅火器放置位置是 (1)主廚 (2)副主廚 (3)全體廚師 (4)老闆 應有的認知。

44. （ 4 ） 取用高處備品時，應該使用下列何者物品墊高，以免發生掉落的危險？ (1)紙箱 (2)椅子 (3)桶子 (4)安全梯。

45. （ 1 ） 使用絞肉機時，不可直接用手推入，以防止絞入危險，須以 (1)木棍 (2)筷子 (3)炒杓 (4)湯匙 推入。

46. （ 2 ） 砧板下應有防滑設置，如無，至少應墊何種物品以防止滑落 (1)菜瓜布 (2)溼毛巾 (3)竹笆 (4)檯布。

47. （ 4 ） 蒸鍋內的水已燒乾了一段時間，應如何處理？ (1)馬上清洗燒乾的蒸鍋 (2)馬上加入冷水 (3)馬上加入熱水 (4)先關火把蓋子打開等待冷卻。

48. （ 1 ） 廚餘餿水需當天清除或存放於 (1)7℃以下 (2)8℃以上 (3)15℃以上 (4)常溫中。

49. （ 1 ） 排水溝出口加裝油脂截流槽的主要功能為 (1)防止油脂污染排水系統 (2)防止老鼠進入 (3)防止水溝堵塞 (4)使排水順暢。

50. （ 2 ） 為求省力好用，剁雞、排骨時應使用 (1)片刀 (2)骨刀 (3)水果刀 (4)武士刀。

51. （ 2 ） 陶鍋傳熱速度比鐵鍋 (1)快 (2)慢 (3)差不多 (4)一樣快。

52. （ 4 ） 不銹鋼工作檯優點，下列何者不正確？ (1)易於清理 (2)不易生鏽 (3)耐腐蝕 (4)耐躺、耐坐。

53. （ 4 ） 為使器具不容易藏污納垢，設計上何者正確？ (1)彎曲處呈直角型 (2)與食物接觸面粗糙 (3)有裂縫 (4)一體成型，包覆完整。

54. （ 2 ） 廚房工作檯上方之照明燈具 (1)不加裝燈罩，以節省能源 (2)需加裝燈罩，較符合衛生 (3)要加裝細鐵網保護，較安全 (4)加裝藝術燈泡以增美感。

55. （ 3 ） 廚房周邊所有門窗裝置的為下列何者較佳？ (1)完整的窗戶、紗門或氣門 (2)完整無破的紗門、窗戶 (3)紗門或氣門、紗窗配合門窗，需完整無破洞 (4)完整無破的門與紗窗。

56. （ 3 ） 廚房備有約23公分之不銹鋼漏勺其最大功能是 (1)拌、炒用 (2)裝菜用 (3)撈取食材用 (4)燒烤用。

57. （ 1 ） 中餐烹調術科測試考場下列何種設置較符合場地需求？ (1)設有平面圖、逃生路線及警語標示 (2)使用過期之滅火器 (3)燈的照明度150米燭光以上 (4)備有超大的更衣室一間。

58. （ 2 ） 中餐術科技能檢定考場內備有考試需用的機具設備，應考時 (1)只須帶免洗碗筷跟刀具及廚用紙巾、礦泉水即可 (2)只須帶刀具及廚用紙巾、包裝飲用水即可 (3)怕考場準備不夠家裡有的都帶去 (4)省得麻煩什麼都不用帶只要帶考試參考資料應考即可。

59. （ 4 ） 廚房的工作檯面照明度需要多少米燭光？ (1)180 (2)100 (3)150 (4)200 米燭光以上。

60. （ 1 ） 廚房之排水溝須符合下列何種條件？ (1)為明溝者須加蓋，蓋與地面平 (2)排水溝深、寬、大以利排水 (3)水溝蓋上可放置工作檯腳 (4)排水溝密封是要防止臭味飄出。

61. （ 1 ）依據良好食品衛生規範準則，食品加工廠之牆面何者不符規定？ (1)牆壁剝落 (2)牆面平整 (3)不可有空隙 (4)需張貼大於B4紙張之燙傷緊急處理步驟。

62. （ 3 ）廚房之乾粉滅火器下列何者有誤？ (1)藥劑須在有效期限內 (2)須符合消防設施安全標章 (3)購買無標示期限可長期使用的滅火器 (4)滅火器需有足夠壓力。

63. （ 2 ）食品烹調場地紗門紗窗下列何者正確？ (1)天氣過熱可打開紗窗吹風 (2)配合門窗大小且需完整無破洞 (3)考場可不須附有紗門紗窗 (4)紗門紗窗即使破損也可繼續使用。

64. （ 1 ）中餐烹調術科測試考場之砧板顏色下列何者正確？ (1)紅色砧板用於生食、白色砧板用於熟食 (2)紅色砧板用於熟食、白色砧板用於生食 (3)砧板只須一塊即可 (4)生食砧板不須消毒、熟食砧板須消毒。

65. （ 3 ）中餐烹調術科應檢人成品完成後須將考試區域清理乾淨，而拖把應在何處清洗？ (1)工作檯水槽 (2)廁所水槽 (3)專用水槽區 (4)隔壁水槽。

66. （ 4 ）廚房瓦斯供氣設備須附有安全防護措施，下列何者不正確？ (1)裝設欄杆、遮風設施 (2)裝設遮陽、遮雨設施 (3)瓦斯出口處裝置遮斷閥及瓦斯偵測器 (4)裝在密閉空間以防閒雜人員進出。

67. （ 4 ）廚房排水溝為了阻隔老鼠或蟑螂等病媒，需加裝 (1)粗網狀柵欄 (2)二層細網狀柵欄 (3)一層細網狀柵欄 (4)三層細網狀柵欄 ，並將出水口導入一開放式的小水槽中。

68. （ 4 ）廚房器具有大鋼盆、湯鍋、平底鍋，以下何者才是器具正確的使用方法？ (1)大鋼盆裝菜、湯鍋洗菜、平底鍋煮湯 (2)大鋼盆煮湯、湯鍋滷雞腿、平底鍋煎魚 (3)大鋼盆洗菜、湯鍋拌餡、平底鍋燙麵 (4)大鋼盆洗食材、湯鍋滷蛋、平底鍋煎鍋貼。

69. （ 2 ）廚房刀具有片刀、剁刀、水果刀、刮鱗刀以下何者才是刀具正確的使用方法？ (1)片刀切菜、剁刀切魚、水果刀切肉片、刮鱗刀殺魚 (2)片刀切菜、剁刀剁排骨、水果刀切蕃茄、刮鱗刀刮魚鱗 (3)片刀切排骨、剁刀切菜、水果刀刮魚鱗、刮鱗刀刮紅蘿蔔 (4)片刀切肉片、剁刀剁雞、水果刀切魚片、刮鱗刀刮魚鱗。

70. （ 4 ）廚房使用之反口油桶，其作用與功能是 (1)煮水用 (2)煮湯用 (3)裝剩餘材料用 (4)裝炸油或回鍋油用 ，可避免在操作中的危險性。

71. （ 3 ）廚房內備有磁製的圓形平盤直徑約25公分，其適作何功能用？ (1)做配菜盤 (2)裝全魚或主食類等 (3)裝煎或炸的菜餚 (4)裝羹的菜餚。

72. （ 4 ）廚房內備有磁製的圓形淺緣盤直徑約25公分，其適作何功能用？ (1)做配菜盤 (2)裝全魚或主食類等 (3)裝羹的菜餚 (4)裝炒、或稍帶點汁的菜餚。

73. （ 1 ）廚房內備有磁製的圓形深盤直徑約25公分，其適作何功能用？ (1)裝燴或帶多汁的菜餚 (2)裝全魚或主食類等 (3)裝煎或炸的菜餚 (4)裝炒的菜餚。

74. （ 2 ）廚房內備有瓷製的橢圓形腰子盤長度約36公分，其適作何功能用？ (1)做配菜盤 (2)裝全魚或主食類等 (3)裝燴的菜餚 (4)裝炒、或稍帶點汁的菜餚。

75. （3）廚房瓦斯爐開關或管線周邊設有瓦斯偵測器，如果有天偵測器響起即為瓦斯漏氣，你該用什麼方法或方式來做瓦斯漏氣的測試？ (1)沿著瓦斯爐開關或管線周邊點火測試 (2)沿著瓦斯爐開關或管線周邊灌水測試 (3)沿著瓦斯爐開關或管線周邊抹上濃厚皂劑泡沫水測試 (4)用大型膠帶沿著瓦斯爐開關或管線周邊包覆防漏。

76. （4）廚房用的器具繁多五花八門，平常的維護、整理應由誰來負責？ (1)老闆自己 (2)主廚 (3)助廚 (4)各單位使用者。

77. （4）廚房油脂截油槽多久需要清理一次？ (1)一個月 (2)半個月 (3)一個星期 (4)每天。

78. （4）廚房所設之加壓噴槍，其用途為何？ (1)洗碗專用 (2)洗菜專用 (3)洗廚房器具專用 (4)清潔沖洗地板、水溝用。

79. （1）廚房用的器具繁多五花八門，平常須如何維護、整理與管理？ (1)清洗、烘乾（滴乾） 、整理、分類、定位排放 (2)清洗、擦乾、定位排放、分類、整理 (3)分類、定位排放、清洗、烘乾、整理 (4)清洗、烘乾（滴乾） 、整理、定位排放、分類。

《 工作項目 07 營養知識 》

1. （1）一公克的醣可產生 (1)4 (2)7 (3)9 (4)12 大卡的熱量。

2. （3）一公克脂肪可產生 (1)4 (2)7 (3)9 (4)12 大卡的熱量。

3. （1）一公克的蛋白質可供人體利用的熱量值為 (1)4 (2)6 (3)7 (4)9 大卡。

4. （3）構成人體細胞的重要物質是 (1)醣 (2)脂肪 (3)蛋白質 (4)維生素。

5. （3）五穀及澱粉根莖類是何種營養素的主要來源？ (1)蛋白質 (2)脂質 (3)醣類 (4)維生素。

6. （1）肉、魚、豆、蛋及奶類主要供應 (1)蛋白質 (2)脂質 (3)醣類 (4)維生素。

7. （4）下列何種營養素不能供給人體所需的能量？ (1)蛋白質 (2)脂質 (3)醣類 (4)礦物質。

8. （4）下列何種營養素不是熱量營養素？ (1)醣類 (2)脂質 (3)蛋白質 (4)維生素。

9. （3）主要在作為建造及修補人體組織的食物為 (1)五穀類 (2)油脂類 (3)肉、魚、蛋、豆、奶類 (4)水果類。

10. （3）營養素的消化吸收部位主要在 (1)口腔 (2)胃 (3)小腸 (4)大腸。

11. （3）蛋白質構造的基本單位為 (1)脂肪酸 (2)葡萄糖 (3)胺基酸 (4)丙酮酸。

12. （3）提供人體最多亦為最經濟熱量來源的食物為 (1)油脂類 (2)肉、魚、豆、蛋、奶類 (3)五穀類 (4)蔬菜及水果類。

13. （2）供給國人最多亦為最經濟之熱量來源的營養素為 (1)脂質 (2)醣類 (3)蛋白質 (4)維生素。

14. （4）下列何者不被人體消化且不具熱量值？ (1)肝醣 (2)乳糖 (3)澱粉 (4)纖維素。

15. （4） 澱粉消化水解後的最終產物為 (1)糊精 (2)麥芽糖 (3)果糖 (4)葡萄糖。

16. （1） 澱粉是由何種單醣所構成的 (1)葡萄糖 (2)果糖 (3)半乳糖 (4)甘露糖。

17. （2） 存在於人體血液中最多的醣類為 (1)果糖 (2)葡萄糖 (3)半乳糖 (4)甘露糖。

18. （3） 白糖是只能提供我們 (1)蛋白質 (2)維生素 (3)熱能 (4)礦物質 的食物。

19. （4） 下面哪一種食物含有較多的食物纖維質？ (1)雞肉 (2)魚肉 (3)雞蛋 (4)馬鈴薯。

20. （1） 肉類所含的蛋白質是屬於 (1)完全蛋白質 (2)部份完全蛋白質 (3)部分不完全蛋白質 (4)不完全蛋白質。

21. （1） 下列哪一種食物所含有的蛋白質品質最好？ (1)蛋 (2)玉米 (3)米飯 (4)麵包。

22. （1） 含脂肪與蛋白質均豐富的豆類為下列何者？ (1)黃豆 (2)綠豆 (3)紅豆 (4)豌豆。

23. （3） 醣類主要含在哪一大類食物中？ (1)水果類 (2)蔬菜類 (3)五穀類 (4)肉、魚、豆、蛋、奶類。

24. （2） 含多元不飽和脂肪酸最多的油脂為 (1)椰子油 (2)花生油 (3)豬油 (4)牛油。

25. （4） 下列哪一種油脂含多元不飽和脂肪酸最豐富？ (1)牛油 (2)豬油 (3)椰子油 (4)大豆沙拉油。

26. （4） 下列何種肉類含較少的脂肪？ (1)鴨肉 (2)豬肉 (3)牛肉 (4)雞肉。

27. （2） 膽汁可以幫助何種營養素的吸收？ (1)蛋白質 (2)脂肪 (3)醣類 (4)礦物質。

28. （4） 下列哪一種油含有膽固醇？ (1)花生油 (2)紅花子油 (3)大豆沙拉油 (4)奶油。

29. （1） 下列食物何者含膽固醇最多？ (1)腦 (2)腎 (3)雞蛋 (4)肝臟。

30. （1） 腳氣病是由於缺乏 (1)維生素B1 (2)維生素B2 (3)維生素B6 (4)維生素B12。

31. （2） 下列哪一種水果含有最豐富的維生素C？ (1)蘋果 (2)橘子 (3)香蕉 (4)西瓜。

32. （2） 缺乏何種維生素，會引起口角炎？ (1)維生素B1 (2)維生素B2 (3)維生素B6 (4)維生素B12。

33. （1） 胡蘿蔔素為何種維生素之先驅物質？ (1)維生素A (2)維生素D (3)維生素E (4)維生素K。

34. （4） 缺乏何種維生素，會引起惡性貧血？ (1)維生素B1 (2)維生素B2 (3)維生素B6 (4)維生素B12。

35. （2） 軟骨症是因缺乏何種維生素所引起？ (1)維生素A (2)維生素D (3)維生素E (4)維生素K。

36. （4） 下列何種水果，其維生素C含量較多？ (1)西瓜 (2)荔枝 (3)鳳梨 (4)蕃石榴。

37. （1） 下列何種維生素不是水溶性維生素？ (1)維生素A (2)維生素B1 (3)維生素B2 (4)維生素C。

38. （4） 維生素A對下列何種器官的健康有重要的關係？ (1)耳朵 (2)神經組織 (3)口腔 (4)眼睛。

39. （1） 維生素B群是 (1)水溶性 (2)脂溶性 (3)不溶性 (4)溶於水也溶於油脂 的維生素。

40. （3）粗糙的穀類如糙米、全麥比精細穀類的白米、精白麵粉含有更豐富的 (1)醣類 (2)水分 (3)維生素B群 (4)維生素C。

41. （1）下列何者為酸性食物？ (1)五穀類 (2)蔬菜類 (3)水果類 (4)油脂類。

42. （4）下列何者為中性食物？ (1)蔬菜類 (2)水果類 (3)五穀類 (4)油脂類。

43. （2）牛奶比較欠缺的礦物質為下列何者？ (1)鈣 (2)鐵 (3)鈉 (4)磷。

44. （2）何種礦物質攝食過多容易引起高血壓？ (1)鐵 (2)鈉 (3)鉀 (4)銅。

45. （4）下列何種食物是鐵質的最好來源？ (1)菠菜 (2)蘿蔔 (3)牛奶 (4)肝臟。

46. （1）甲狀腺腫大，可能因何種礦物質缺乏所引起？ (1)碘 (2)硒 (3)鐵 (4)鎂。

47. （3）含有鐵質較豐富的食物是 (1)餅乾 (2)胡蘿蔔 (3)雞蛋 (4)牛奶。

48. （1）牛奶中含量最少的礦物質是 (1)鐵 (2)鈣 (3)磷 (4)鉀。

49. （1）下列何種食物為維生素B2的最佳來源？ (1)牛奶 (2)瘦肉 (3)西瓜 (4)菠菜。

50. （1）下列何者含有較多的胡蘿蔔素？ (1)木瓜 (2)香瓜 (3)西瓜 (4)黃瓜。

51. （4）飲食中有足量的維生素A可預防 (1)軟骨症 (2)腳氣病 (3)口角炎 (4)夜盲症 的發生。

52. （4）最容易氧化的維生素為 (1)維生素A (2)維生素B1 (3)維生素B2 (4)維生素C。

53. （3）具有抵抗壞血病的效用的維生素為 (1)維生素A (2)維生素B2 (3)維生素C (4)維生素E。

54. （2）國人最容易缺乏的營養素為 (1)維生素A (2)鈣 (3)鈉 (4)維生素C。

55. （4）與人體之能量代謝無關的維生素為 (1)維生素B1 (2)維生素B2 (3)菸鹼素 (4)維生素A。

56. （2）下列何者為水溶性維生素？ (1)維生素A (2)維生素C (3)維生素D (4)維生素E。

57. （4）與血液凝固有關的維生素為 (1)維生素A (2)維生素C (3)維生素E (4)維生素K。

58. （4）下列何種水果含有較多的維生素A先驅物質？ (1)水梨 (2)香瓜 (3)蕃茄 (4)芒果。

59. （3）下列何種食物為維生素B2的最佳來源？ (1)豬肉 (2)豆腐 (3)鮮奶 (4)米飯。

60. （1）肝臟含有豐富的 (1)維生素A (2)維生素B1 (3)維生素C (4)維生素E。

61. （2）能促進小腸中鈣、磷吸收之維生素為下列何者？ (1)維生素A (2)維生素D (3)維生素E (4)維生素K。

62. （4）下列哪一種食物含有較多量的膽固醇？ (1)沙丁魚 (2)肝 (3)干貝 (4)腦。

63. （4）下列何種食物含膳食纖維最少？ (1)牛蒡 (2)黑棗 (3)燕麥 (4)白飯。

64. （1）奶類含有豐富的營養，一般人每天至少應喝幾杯？ (1)1~2杯 (2)3杯 (3)4杯 (4)愈多愈好。

65. （4）下列敘述何者不是健康飲食的原則？ (1)均衡攝食各類食物 (2)天天五蔬果防癌保健多 (3)吃飯配菜和肉，而非吃菜和肉配飯 (4)多油多鹽多調味，飲食才夠味。

66. （ 4 ）下列何者不是降低油脂的適當處理方式？ (1)烹調前去掉外皮、肥肉 (2)減少裹粉用量 (3)湯汁去油後食用 (4)炒牛肉前加油浸泡，肉質較嫩。

67. （ 2 ）下列烹調器具何者可減少用油量？ (1)不銹鋼鍋 (2)鐵氟龍鍋 (3)石頭鍋 (4)鐵鍋。

68. （ 3 ）下列烹調方法何者可使成品含油脂量較少？ (1)煎 (2)炒 (3)煮 (4)炸。

69. （ 4 ）患有高血壓的人應多食用下列何種食品？ (1)醃製、燻製的食品 (2)罐頭食品 (3)速食品 (4)生鮮食品。

70. （ 2 ）蛋白質經腸道消化分解後的最小分子為 (1)葡萄糖 (2)胺基酸 (3)氮 (4)水。

71. （ 4 ）所謂的消瘦症(Marasmus)係屬於 (1)蛋白質 (2)醣類 (3)脂肪 (4)蛋白質與熱量嚴重缺乏的病症。

72. （ 2 ）以下有助於腸內有益細菌繁殖，甜度低，多被用於保健飲料中者為 (1)果糖 (2)寡醣 (3)乳糖 (4)葡萄糖。

73. （ 1 ）為預防便秘、直腸癌之發生，最好每日飲食中多攝取富含 (1)纖維質 (2)油質 (3)蛋白質 (4)葡萄糖 的食物。

74. （ 3 ）下列何者在胃中的停留時間最長？ (1)醣類 (2)蛋白質 (3)脂肪 (4)纖維素。

75. （ 3 ）以下何者含多量不飽和脂肪酸？ (1)棕櫚油 (2)氫化奶油 (3)橄欖油 (4)椰子油。

76. （ 4 ）下列何者可協助脂溶性維生素的吸收？ (1)醣類 (2)蛋白質 (3)纖維質 (4)脂肪。

77. （ 3 ）平常多接受陽光照射可預防 (1)維生素A (2)維生素B2 (3)維生素D (4)維生素E 缺乏。

78. （ 2 ）下列何種維生素遇熱最不安定？ (1)維生素A (2)維生素C (3)維生素B2 (4)維生素D。

79. （ 1 ）下列何者不是維生素B2的缺乏症？ (1)腳氣病 (2)眼睛畏強光 (3)舌炎 (4)口角炎。

80. （ 4 ）下列何者與預防甲狀腺機能無關？ (1)多吃海魚 (2)多食海苔 (3)食用含碘的食鹽 (4)充足的核果類。

81. （ 3 ）對素食者而言，可用以取代肉類而獲得所需蛋白質的食物是 (1)蔬菜類 (2)主食類 (3)黃豆及其製品 (4)麵筋製品。

82. （ 4 ）黏性最強的米為下列何者？ (1)在來米 (2)蓬萊米 (3)長糯米 (4)圓糯米。

83. （ 3 ）愈紅的肉，下列何者含量愈高？ (1)鈣 (2)磷 (3)鐵 (4)鉀。

84. （ 4 ）長期的偏頗飲食會 (1)增加免疫力 (2)建構良好體質 (3)健康強身 (4)招致疾病。

85. （ 3 ）楊貴妃一天吃七餐而營養過剩，容易引發何種疾病？ (1)甲狀腺腫大 (2)口角炎 (3)腦中風 (4)貧血。

86. （ 2 ）貯存於動物肝臟與肌肉中，又稱為動物澱粉者為 (1)果膠 (2)肝醣 (3)糊精 (4)纖維質。

87. （ 3 ） 小雅買了一些柳丁，你可以建議她哪種吃法最能保持維生素C？ (1)再放成熟些後切片食用 (2)新鮮切片放置冰箱冰涼後食用 (3)趁新鮮切片食用 (4)新鮮壓汁後冰涼食用。

88. （ 2 ） 大雄到了晚上總有看不清東西的困擾，請問他可能缺乏何種維生素？ (1)維生素E (2)維生素A (3)維生素C (4)維生素D。

89. （ 1 ） 下列何者是維生素B1的缺乏症？ (1)腳氣病 (2)眼睛畏強光 (3)貧血 (4)口角炎。

90. （ 3 ） 我國衛生福利部配合國人營養需求，將食物分為幾大類？ (1)四 (2)五 (3)六 (4)七。

《 工作項目 08 成本控制 》

1. （ 2 ） 一公斤約等於 (1)二台斤 (2)一台斤十台兩半 (3)一台斤半 (4)一台斤。

2. （ 4 ） 1公斤的食物賣80元，1斤重應賣 (1)108元 (2)64元 (3)56元 (4)48元。

3. （ 4 ） 1磅等於 (1)600公克 (2)554公克 (3)504公克 (4)454公克。

4. （ 2 ） 下列食物中，何者受到氣候影響較小？ (1)小黃瓜 (2)胡蘿蔔 (3)絲瓜 (4)茄子。

5. （ 3 ） 下列食品的價格哪項受季節影響較大？ (1)肉類、魚類 (2)蛋類、五穀類 (3)蔬菜類、水果類 (4)豆類、奶類。

6. （ 3 ） 一年四季的價格最為平穩 (1)豬肉 (2)雞蛋 (3)豆腐、豆干 (4)蔬菜。

7. （ 3 ） 在颱風過後選用蔬菜以 (1)葉菜類 (2)瓜類 (3)根菜類 (4)花菜類 成本較低。

8. （ 1 ） 目前市面上以何種水產品的價格最便宜？ (1)吳郭魚 (2)螃蟹 (3)草蝦 (4)日月貝。

9. （ 1 ） 何時的蕃茄價格最便宜？ (1)1~3月 (2)4~6月 (3)7~9月 (4)10~12月。

10. （ 1 ） 以1公斤的價格來比較 (1)雞蛋 (2)雞肉 (3)豬肉 (4)牛肉 最便宜。

11. （ 4 ） 比較受季節影響的水產品為 (1)蜆 (2)草蝦 (3)海帶 (4)虱目魚。

12. （ 3 ） 下列何種食物產量的多少與季節差異最少？ (1)蔬菜類 (2)水果類 (3)肉類 (4)海產魚類。

13. （ 4 ） 菠菜的盛產期為 (1)春季 (2)夏季 (3)秋季 (4)冬季。

14. （ 4 ） 下列何種瓜類有較長的儲存期？ (1)胡瓜 (2)絲瓜 (3)苦瓜 (4)冬瓜。

15. （ 4 ） 1標準量杯的容量相當於多少cc？ (1)180 (2)200 (3)220 (4)240。

16. （ 3 ） 政府提倡交易時使用 (1)台制 (2)英制 (3)公制 (4)美制 為單位計算。

17. （ 2 ） 欲供應給6個成年人吃一餐的飯量，需以米 (1)100公克 (2)600公克 (3)2000公克 (4)4000公克 煮飯。（設定每人吃250公克，米煮成飯之脹縮率為2.5）

18. （ 3 ） 五菜一湯的梅花餐，要配6人吃的量，其中一道菜為素炒的青菜，所食用的青菜量以 (1)四兩 (2)半斤 (3)一台斤 (4)二台斤 最適宜。

19. （ 2 ） 甲貨1公斤40元，乙貨1台斤30元，則兩貨價格間的關係 (1)甲貨比乙貨貴 (2)甲貨比乙貨便宜 (3)甲貨與乙貨價格相同 (4)甲貨與乙貨無法比較。

20. （2）食品進貨後之使用方式為 (1)後進先出 (2)先進先出 (3)先進後出 (4)徵詢主廚意願。

21. （4）下列何種方式無法降低採購成本？ (1)大量採購 (2)開放廠商競標 (3)現金交易 (4)惡劣天氣進貨。

22. （3）淡色醬油於烹調時，一般用在 (1)紅燒菜 (2)烤菜 (3)快炒菜 (4)滷菜。

23. （1）國內生產孟宗筍的季節是哪一季？ (1)春季 (2)夏季 (3)秋季 (4)冬季。

24. （1）蔬菜、水果類的價格受氣候的影響 (1)很大 (2)很小 (3)些微感受 (4)沒有影響。

25. （4）正常的預算應同時包含 (1)人事與食材 (2)規劃與控制 (3)資本與建設 (4)雜項與固定開銷。

26. （4）一般飯店供應員工膳食之食材及飲料支出則列為 (1)人事費用 (2)原料成本 (3)耗材費用 (4)雜項成本。

27. （2）1台斤為16台兩，1台兩為 (1)38.5公克 (2)37.5公克 (3)60公克 (4)16公克。

28. （4）餐廳的來客數愈多，所須負擔的固定成本 (1)愈多 (2)愈少 (3)平平 (4)不影響。

‖ 工作項目 ⑨ 衛生知識 ‖

1. （3）蒼蠅防治最根本的方法為 (1)噴灑殺蟲劑 (2)設置暗走道 (3)環境的整潔衛生 (4)設置空氣簾。

2. （4）製造調配菜餚之場所 (1)可養牲畜 (2)可當寢居室 (3)可養牲畜亦當寢居室 (4)不可養牲畜亦不可當寢居室。

3. （1）洗衣粉不可用來洗餐具，因其含有 (1)螢光增白劑 (2)亞硫酸氫鈉 (3)潤濕劑 (4)次氯酸鈉。

4. （2）台灣地區水產食品中毒致病菌是以下列何者最多？ (1)大腸桿菌 (2)腸炎弧菌 (3)金黃色葡萄球菌 (4)沙門氏菌。

5. （2）腸炎弧菌通常來自 (1)被感染者與其他動物 (2)海水或海產品 (3)鼻子、皮膚以及被感染的人與動物傷口 (4)土壤。

6. （3）密閉的魚肉類罐頭，若殺菌不良，可能會有 (1)沙門氏菌 (2)腸炎弧菌 (3)肉毒桿菌 (4)葡萄球菌 之產生，故此類罐頭食用之前最好加熱後再食用。

7. （3）下列哪一個是感染型細菌 (1)葡萄球菌 (2)肉毒桿菌 (3)沙門氏桿菌 (4)肝炎病毒。

8. （2）手部若有傷口，易產生 (1)腸炎弧菌 (2)金黃色葡萄球菌 (3)仙人掌桿菌 (4)沙門氏菌 的污染。

9. （3）夏天氣候潮濕，五穀類容易發霉，對我們危害最大且為我們所熟悉之黴菌毒素為下列何者？ (1)綠麴毒素 (2)紅麴毒素 (3)黃麴毒素 (4)黑麴毒素。

10. （2）下列何種細菌屬毒素型細菌？ (1)腸炎弧菌 (2)肉毒桿菌 (3)沙門氏菌 (4)仙人掌桿菌。

11. （3）在台灣地區，下列何種性質所造成的食品中毒比率最多？ (1)天然毒素 (2)化學性 (3)細菌性 (4)黴菌毒素性。

12. （4）下列何種菌屬於毒素型病原菌？ (1)腸炎弧菌 (2)沙門氏菌 (3)仙人掌桿菌 (4)金黃色葡萄球菌。

13. （3）下列病原菌何者屬感染型？ (1)金黃色葡萄球菌 (2)肉毒桿菌 (3)沙門氏菌 (4)仙人掌桿菌。

14. （3）台灣地區所產的近海魚類遭受腸炎弧菌感染比例甚高，因此處理好的魚類，應放在置物架的何處，以免其它食物受滴水污染腸炎弧菌？ (1)上層 (2)中層 (3)下層 (4)視情況而異。

15. （1）從業人員個人衛生習慣欠佳，容易造成何種細菌性食品中毒機率最高？ (1)金黃色葡萄球菌 (2)沙門氏菌 (3)仙人掌桿菌 (4)肉毒桿菌。

16. （4）葡萄球菌主要因個人衛生習慣不好，如膿瘡而污染，其產生之毒素為下列何者？ (1)65℃以上即可將其破壞 (2)80℃以上即可將其破壞 (3)100℃以上即可將其破壞 (4)120℃以上之溫度亦不易破壞。

17. （3）廚師手指受傷最容易引起 (1)肉毒桿菌 (2)腸炎弧菌 (3)金黃色葡萄球菌 (4)綠膿菌 感染。

18. （1）下列何種細菌性中毒最易發生於禽肉類？ (1)沙門氏桿菌 (2)金黃色葡萄球菌 (3)肉毒桿菌 (4)腸炎弧菌。

19. （4）一包未經殺菌但有真空包裝的香腸，其標示如下：「本品絕對不含添加物－硝」，你認為這包香腸最可能具有下列何種食品中毒的危險因子？ (1)沙門氏菌 (2)金黃色葡萄球菌 (3)腸炎弧菌 (4)肉毒桿菌。

20. （1）同重量的1.肉毒桿菌毒素2.河豚毒3.砒霜，其對人體致命力依順序為 (1)1＞2＞3 (2)2＞3＞1 (3)3＞1＞2 (4)3＞2＞1。

21. （4）米飯容易為仙人掌桿菌污染而造成食品中毒，今有一中午十二時卅分開始營業的餐廳，你認為其米飯煮好的時間最好為 (1)八時卅分 (2)九時卅分 (3)十時卅分 (4)十一時卅分。

22. （3）金黃色葡萄球菌屬於 (1)感染型 (2)中間型 (3)毒素型 (4)病毒型 細菌，因此在操作上應注意個人衛生，以避免食品中毒。

23. （3）真空包裝是一種很好的包裝，但若包裝前處理不當，極易造成下列何種細菌滋生？ (1)腸炎弧菌 (2)黃麴毒素 (3)肉毒桿菌 (4)沙門氏菌 而使消費者致命。

24. （3）為了避免食物中毒，餐飲調理製備三個原則為加熱與冷藏，迅速及 (1)美味 (2)顏色美麗 (3)清潔 (4)香醇可口。

25. （1）餐飲業發生之食物中毒以何者最多？ (1)細菌性中毒 (2)天然毒素中毒 (3)化學物質中毒 (4)沒有差異。

26. （4）一般說來，細菌的生長在下列何種狀況下較不易受到抑制？ (1)高溫 (2)低溫 (3)高酸 (4)低酸。

27. （2） 將所有細菌完全殺滅使成為無菌狀態，稱之 (1)消毒 (2)滅菌 (3)殺菌 (4)商業殺菌。

28. （1） 一般用肥皂洗手刷手，其目的為 (1)清潔清除皮膚表面附著的細菌 (2)習慣動作 (3)一種完全消毒之行為 (4)遵照規定。

29. （1） 有人說「吃檳榔可以提神，增加工作效率」，餐飲從業人員在工作時 (1)不可以吃 (2)可以吃 (3)視個人喜好而吃 (4)不要吃太多 檳榔。

30. （1） 我工作的餐廳，午餐在2點休息，晚餐於5點開工，在這空檔3小時中，廚房 (1)不可以當休息場所 (2)可當休息場所 (3)視老闆的規定可否當休息場所 (4)視情況而定可否當休息場所。

31. （2） 我在餐廳廚房工作，養了一隻寵物叫「來喜」，白天我怕牠餓沒人餵，所以將牠帶在身旁，這種情形是 (1)對的 (2)不對的 (3)無所謂 (4)只要不妨礙他人就可以。

32. （2） 生的和熟的食物在處理上所使用的砧板應 (1)共用一塊即可 (2)分開使用 (3)依經濟情況而定 (4)依工作量大小而定 以避免二次污染。

33. （2） 處理過的食物，擺放的方法 (1)可以相互重疊擺置，以節省空間 (2)應分開擺置 (3)視情況而定 (4)無一定規則。

34. （3） 你現在正在切菜，老闆請你現在端一盤菜到外場給顧客，你的第一個動作為 (1)立即端出 (2)先把菜切完了再端出 (3)先立即洗手，再端出 (4)只要自己方便即可。

35. （2） 儘量不以大容器而改以小容器貯存食物，以衛生觀點來看，其優點是 (1)好拿 (2)中心溫度易降低 (3)節省成本 (4)增加工作效率。

36. （1） 廚房使用半成品或冷凍食品做為烹飪材料，其優點為 (1)減少污染機會 (2)降低成本 (3)增加成本 (4)毫無優點可言。

37. （4） 餐廳的廚房排油煙設施如果僅有風扇而已，這是不被允許的，你認為下列何者為錯？ (1)排除的油煙無法有效處理 (2)風扇後的外牆被嚴重污染 (3)風扇停用時病媒易侵入 (4)風扇運轉時噪音太大，會影響工作情緒。

38. （2） 假設氣流的流向是從高壓到低壓，你認為餐廳營業場所氣流壓力應為 (1)低壓 (2)高壓 (3)負壓 (4)真空壓。

39. （3） 冬天病媒較少的原因為 (1)較常下雨 (2)氣壓較低 (3)氣溫較低 (4)氣候多變 以致病媒活動力降低。

40. （2） 每年七月聯考季節，有很多小販在考場門口販售餐盒，以衛生觀點而言，你認為下列何種為對？ (1)越貴的，菜色愈好 (2)烈日之下，易助長細菌增殖而使餐盒加速腐敗 (3)提供考生一個很便利的飲食 (4)菜色、價格的種類愈多，愈容易滿足考生的選擇。

41. （4） 關於「吃到飽」的餐廳，下列敘述何者不正確？ (1)易養成民眾暴飲暴食的習慣 (2)易養成民眾浪費的習慣 (3)服務品質易降低 (4)值得大力提倡此種促銷手法。

42. （2）炒牛肉時添加鳳梨，下列敘述何者不正確？ (1)可增加酸性，使成品更能保久 (2)可增加酸性，但易導致腐敗 (3)使牛肉更易軟化 (4)使風味更佳。

43. （1）採用合格的半成品食品比率越高的餐廳，一般說來其危險因子應為 (1)越低 (2)越高 (3)視情況而定 (4)無法確定。

44. （2）餐廳的規模一定時，廚房越小者，其採用半成品或冷凍食品的比率應 (1)降低 (2)提高 (3)視成本而定 (4)無法確定。

45. （3）一般說來，豬排較少見「七分熟」、「八分熟」之情形，而大多以「全熟」上桌，其主要原因為 (1)七分熟的豬排不好吃 (2)全熟豬排售價高 (3)豬的寄生蟲較多未經處理不宜生食 (4)民間風俗以「全熟」為普遍。

46. （1）炸排骨起鍋時溫度大約為200℃ (1)不可以 (2)可以 (3)無所謂 (4)沒有規定 馬上置於保利龍餐盒內。

47. （4）關於工作服的敘述，下列何者不正確？ (1)僅限在工作場所工作時穿著 (2)應以淡淺色為主 (3)為衛生指標之一 (4)可穿著回家。

48. （1）一般說來，出水性高的食物其危險性較出水性低的食物來得 (1)高些 (2)低些 (3)無法確定 (4)視季節而定。

49. （3）蛋類烹調前的製備，下列何種組合順序方為正確：1.洗滌2.選擇3.打破4.放入碗內觀察5.再放入大容器內 (1)2→4→5→3→1 (2)3→1→2→4→5 (3)2→1→3→4→5 (4)1→2→3→4→5。

50. （1）假設廚房面積與營業場所面積比為1:10，下列何種型態餐廳較為適用？ (1)簡易商業午餐型 (2)大型宴會型 (3)觀光飯店型 (4)學校餐廳型。

51. （3）廚房的地板 (1)操作時可以濕滑 (2)濕滑是必然現象無需計較 (3)隨時保持乾燥清潔 (4)要看是哪一類餐廳而定。

52. （4）假設廚房面積與營業場所面積比太小，下列敘述何者不正確？ (1)易導致交互污染 (2)增加工作上的不便 (3)散熱頗為困難 (4)有助減輕成本。

53. （2）我們常說「盒餐不可隔餐食用」，其主要原因為 (1)避免口感變差 (2)斷絕細菌滋生所需要的時間 (3)保持市場價格穩定 (4)此種說法根本不正確。

54. （3）關於濕紙巾的敘述，下列何種不正確？ (1)一次進貨量不可太多 (2)不宜在高溫下保存 (3)可在高溫下保存 (4)由於高水活性，而易導致細菌滋生。

55. （4）生吃淡水魚類，最容易感染 (1)鉤蟲 (2)旋毛蟲 (3)毛線蟲 (4)肝吸蟲 所以淡水魚類應煮熟食用才安全。

56. （2）何種細菌性食品中毒與水產品關係較大？ (1)彎曲桿菌 (2)腸炎弧菌 (3)金黃色葡萄球菌 (4)仙人掌桿菌。

57. （1）食用未經煮熟的豬肉，最易感染何種寄生蟲？ (1)旋毛蟲 (2)鉤蟲 (3)肺吸蟲 (4)無鉤條蟲。

58. （3）下列敘述何者不正確？ (1)消毒抹布以煮沸法處理，需以100℃沸水煮沸5分鐘以上 (2)食品、用具、器具、餐具不可放置在地面上 (3)廚房內二氧化碳濃度可

以高過0.5%　(4)廚房的清潔區溫度必須保持在22~25℃，溼度保持在相對溼度50~55% 之間。

59. （ 3 ） 餐飲業的廢棄物處理方法，下列何者不正確？　(1)可燃廢棄物與不可燃廢棄物應分類處理　(2)使用有加蓋，易處理的廚餘桶，內置塑膠袋以利清洗維護清潔　(3)每天清晨清理易腐敗的廢棄物　(4)含水量較高的廚餘可利用機械處理，使脫水乾燥，以縮小體積。

60. （ 3 ） 餐具洗淨後應　(1)以毛巾擦乾　(2)立即放入櫃內貯存　(3)先讓其風乾，再放入櫃內貯存　(4)以操作者方便的方法入櫃貯存。

61. （ 3 ） 一般引起食品變質最主要原因為　(1)光線　(2)空氣　(3)微生物　(4)溫度。

62. （ 1 ） 每年食品中毒事件以五月至十月最多，主要是因為　(1)氣候條件　(2)交通因素　(3)外食關係　(4)學校放暑假。

63. （ 2 ） 食品中毒的發生通常以　(1)春天　(2)夏天　(3)秋天　(4)冬天　為最多。

64. （ 4 ） 下列何種疾病與食品衛生安全較無直接的關係？　(1)手部傷口　(2)出疹　(3)結核病　(4)淋病。

65. （ 1 ） 芋薯類削皮後的褐變是因　(1)酵素　(2)糖質　(3)蛋白質　(4)脂肪 作用的關係。

66. （ 4 ） 廚房女性從業人員於工作時間內，應該　(1)化粧　(2)塗指甲油　(3)戴結婚戒指　(4)戴網狀廚帽。

67. （ 1 ） 下列何種重金屬如過量會引起「痛痛病」？　(1)鎘　(2)汞　(3)銅　(4)鉛。

68. （ 3 ） 去除蔬菜農藥的方法，下列敘述何者不正確？　(1)用流動的水浸泡數分鐘　(2)去皮可去除相當比率的農藥　(3)以洗潔劑清洗　(4)加熱時以不加蓋為佳。

69. （ 4 ） 吃了河豚而中毒是因河豚體內含有的　(1)細菌　(2)化學物質　(3)過敏原　(4)天然毒素 所致。

70. （ 4 ） 河豚毒性最大的部份，一般是在　(1)表皮　(2)肌肉　(3)鰭　(4)生殖器。

71. （ 4 ） 用鐵弗龍的平底鍋煎過魚後，需作何種洗滌處理？　(1)用鋼刷和洗潔劑來徹底清洗　(2)用鹽粒搓磨鍋底後，將鹽倒掉再擦乾淨即可　(3)以乾布擦乾淨即可　(4)用軟質菜瓜布清洗乾淨即可。

72. （ 3 ） 若因雞蛋處理不良而產生的食品中毒有可能來自於　(1)毒素型的腸炎弧菌　(2)感染型的腸炎弧菌　(3)感染型的沙門氏菌　(4)毒素型的沙門氏菌。

73. （ 1 ） 當日本料理師父患有下列何種肝炎，在製作壽司時會很容易的就傳染給顧客？　(1)A型　(2)B型　(3)C型　(4)D型。

74. （ 1 ） 構成一件食品中毒，是指幾人以上攝取相同食品、發生相似之疾病症狀，並自檢體中分離出相同之致病原因（除肉毒桿菌中毒外）？　(1)二人或二人以上　(2)三人或三人以上　(3)五人或五人以上　(4)十人或十人以上。

75. （ 4 ） 養成經常洗手的良好習慣，其目的是下列何種？　(1)依公司規定　(2)為了清爽　(3)水潤保濕作用　(4)清除皮膚表面附著的微生物。

76. （ 1 ） 台灣曾發生之食用米糠油中毒事件是由何種物質引起？　(1)多氯聯苯　(2)黃麴毒素　(3)農藥　(4)砷。

77. （ 1 ）細菌性食物中毒的病原菌中，下列何者最具有致命性的威脅？ (1)肉毒桿菌 (2)大腸菌 (3)葡萄球菌 (4)腸炎弧菌。

78. （ 4 ）台灣曾經發生鎘米事件，若鎘積存體內過量可能造成 (1)水俁病 (2)烏腳病 (3)氣喘病 (4)痛痛病。

79. （ 3 ）依衛生法規規定，餐飲從業人員最少要多久接受體檢？ (1)每月一次 (2)每半年一次 (3)每年一次 (4)每兩年一次。

80. （ 3 ）依中餐烹調檢定衛生規定，烹調材料洗滌之順序應為 (1)乾貨→牛肉→魚貝→蛋 (2)牛肉→魚貝→蛋→乾貨 (3)乾貨→牛肉→蛋→魚貝 (4)牛肉→乾貨→魚貝→蛋。

81. （ 2 ）在烏腳病患區，其本身地理位置即含高百分比的 (1)鉛 (2)砷 (3)鋁 (4)汞。

82. （ 4 ）有關使用砧板，下列敘述何者錯誤？ (1)宜分4種並標示用途 (2)宜用合成塑膠砧板 (3)每次作業後，應充分洗淨，並加以消毒 (4)洗淨消毒後，應以平放式存放。

83. （ 3 ）為了維護安全與衛生，器具、用具與食物接觸的部分，其材質應選用 (1)木製 (2)鐵製 (3)不銹鋼製 (4)PVC塑膠製。

84. （ 3 ）中性清潔劑其PH值是介於下列何者之間？ (1)3.0~5.0 (2)4.0~6.0 (3)6.0~8.0 (4)7.0~10.0。

85. （ 2 ）有關食物製備衛生、安全，下列敘述何者正確？ (1)可以抹布擦拭器具、砧板 (2)手指受傷，應避免直接接觸食物 (3)廚師的圍裙可用來擦手的 (4)可以直接以湯杓舀取品嚐，剩餘的再倒回鍋中。

86. （ 4 ）食品與器具不可與地面直接接觸，應高於地面多少？ (1)5cm (2)10cm (3)20cm (4)30cm。

87. （ 4 ）餐廳發生火災時，應做的緊急措施為 (1)立刻大聲尖叫 (2)立刻讓客人結帳，再疏散客人 (3)立刻搭乘電梯，離開現場 (4)立刻按下警鈴，並疏散客人。

88. （ 4 ）熟食掉落地上時應如何處理？ (1)洗淨後再供客人食用 (2)重新加熱調理後再供客人食用 (3)高溫殺菌後再供客人食用 (4)丟棄不可再供客人食用。

89. （ 4 ）三槽式餐具洗滌設施的第三槽若是採用氯液殺菌法，那麼應以餘氯量多少的氯水來浸泡餐具？ (1)50ppm (2)100ppm (3)150ppm (4)200ppm。

90. （ 1 ）當客人發生食物中毒時應如何處理？ (1)立即送醫並收集檢體化驗報告當地衛生機關 (2)由員工急救 (3)讓客人自己處理 (4)順其自然。

91. （ 2 ）選擇殺菌消毒劑時不需注意到什麼樣的事情？ (1)廣效性 (2)廣告宣傳 (3)安定性 (4)良好作業性。

92. （ 2 ）手洗餐具時，應用何種清潔劑？ (1)弱酸 (2)中性 (3)酸性 (4)鹼性。

93. （ 4 ）中餐廚師穿著工作衣帽的主要目的是？ (1)漂亮大方 (2)減少生產成本 (3)代表公司形象 (4)防止髮屑雜物掉落食物中。

94. （ 4 ）下列何者不一定是洗滌劑選擇時須考慮的事項？ (1)所洗滌的器具 (2)洗淨力的要求 (3)各種洗潔劑的性質 (4)名氣的大小。

95. （4） 餿水的正確處理方式為 (1)任意丟棄 (2)加蓋後存放於室外 (3)用塑膠袋包好即可 (4)加蓋或包裝好存放於室內空調間，轉交環保機關處理。

96. （3） 魚肉會有苦味是因為殺魚時 (1)弄破魚腸 (2)洗不乾淨 (3)弄破魚膽 (4)魚鱗打不乾淨。

97. （4） 劣變的油炸油不具下列何種特性？ (1)顏色太深 (2)粘度太高 (3)發煙點降低 (4)正常發煙點。

98. （3） 油炸過的油應盡快用完，若用不完 (1)可與新油混合使用 (2)倒掉 (3)集中處理由合格廠商回收 (4)倒進餿水桶。

99. （4） 經長時間油炸食物的油必須 (1)不用理它繼續使用 (2)過濾殘渣 (3)放愈久愈香 (4)廢棄。

100.（4） 豬油加醬油拌飯美味可口，但因豬油含有較高的飽和脂肪酸，下列何種族群應減少食用？ (1)少年 (2)青年 (3)壯年 (4)慢性病患者。

101.（4） 廚房工作人員對各種調味料桶之清理，應如何處置？ (1)不必清理 (2)三天清理一次 (3)一星期清理一次 (4)每天清理。

〖 工作項目 ⑩ 衛生法規 〗

1. （3） 餐具經過衛生檢查其結果如下，何者為合格？ (1)大腸桿菌為陽性，含有殘留油脂 (2)生菌數400個，大腸菌群陰性 (3)大腸桿菌陰性，不含有油脂，不含有殘留洗潔劑 (4)沒有一定的規定。

2. （1） 不符合食品安全衛生標準之食品，主管機關應 (1)沒入銷毀 (2)沒入拍賣 (3)轉運國外 (4)准其贈與。

3. （4） 違反「公共飲食場所衛生管理辦法」之規定，主管機關至少可處負責人新台幣 (1)5千元 (2)1萬元 (3)2萬元 (4)3萬元。

4. （3） 市縣政府係依據「食品安全衛生管理法」第14條所訂之 (1)營業衛生管理條例 (2)食品良好衛生規範 (3)公共飲食場所衛生管理辦法 (4)食品安全管制系統 來輔導稽查轄內餐飲業者。

5. （1） 餐廳若發生食品中毒時，衛生機關可依據「食品安全衛生管理法」第幾條命令餐廳暫停作業，並全面進行改善？ (1)41條 (2)42條 (3)43條 (4)44條 以遏阻食品中毒擴散，並確保消費者飲食安全。

6. （3） 餐飲業者使用地下水源者，其水源應與化糞池廢棄物堆積場所等污染源至少保持 (1)5公尺 (2)10公尺 (3)15公尺 (4)20公尺 之距離。

7. （3） 餐飲業之蓄水池應保持清潔，其設置地點應距污穢場所、化糞池等污染源 (1)1公尺 (2)2公尺 (3)3公尺 (4)4公尺 以上。

8. （2） 廚房備有空氣補足系統，下列何者不為其目的？ (1)降溫 (2)降壓 (3)隔熱 (4)補足空氣。

9. （1） 廚房清潔區之空氣壓力應為 (1)正壓 (2)負壓 (3)低壓 (4)介於正壓與負壓之間。

10. （1）廚房的工作區可分為清潔區、準清潔區和污染區，今有一餐盒食品工廠的包裝區，應屬於下列何區才對？ (1)清潔區 (2)介於清潔區與準清潔區之間 (3)準清潔區 (4)污染區。

11. （2）關於食用色素的敘述，下列何者正確？ (1)紅色4號，黃色5號 (2)黃色4號，紅色6號 (3)紅色7號，藍色3號 (4)綠色1號，黃色4號 為食用色素。

12. （2）下列哪種色素不是食用色素？ (1)紅色5號 (2)黃色4號 (3)綠色3號 (4)藍色2號。

13. （2）食物中毒的定義(肉毒桿菌中毒除外)是 (1)一人或一人以上 (2)二人或二人以上 (3)三人或三人以上 (4)十人或十人以上 有相同的疾病症狀謂之。

14. （3）為了使香腸、火腿產生紅色和特殊風味，並抑制肉毒桿菌，製作時加入亞硝酸鹽（俗稱「硝」） (1)加入愈多愈好，可使顏色更漂亮 (2)最好都不要加，因其殘留，對身體有害 (3)要依照法令的亞硝酸鹽用量規定添加 (4)加入硝量的多少，視所使用的肉類的新鮮度而定，肉類較新鮮的用量可少些，肉類較不新鮮的用量要多些。

15. （4）有關防腐劑之規定，下列何者為正確？ (1)使用對象無限制 (2)使用量無限制 (3)使用對象與用量均無限制 (4)使用對象與用量均有限制。

16. （1）下列食品何者不得添加任何的食品添加物？ (1)鮮奶 (2)醬油 (3)奶油 (4)火腿。

17. （1）下列何者為乾熱殺菌法之方法？ (1)110℃以上30分鐘 (2)75℃以上40分鐘 (3)65℃以上50分鐘 (4)55℃以上60分鐘。

18. （1）乾熱殺菌法屬於何種殺菌、消毒方法？ (1)物理性 (2)化學性 (3)生物性 (4)自然性。

19. （4）抹布之殺菌方法是以100℃蒸汽加熱至少幾分鐘以上？ (1)4 (2)6 (3)8 (4)10。

20. （1）排油煙機應 (1)每日清洗 (2)隔日清洗 (3)三日清洗 (4)每週清洗。

21. （3）罐頭食品上只有英文而沒有中文標示，這種罐頭 (1)是外國的高級品 (2)必定品質保證良好 (3)不符合食品安全衛生管理法有關標示之規定 (4)只要銷路好，就可以使用。

22. （2）餐盒食品樣品留驗制度，係將餐盒以保鮮膜包好，置於 7℃以下保存二天，以備查驗，如上所謂的7℃以下係指 (1)冷凍 (2)冷藏 (3)室溫 (4)冰藏 為佳。

23. （4）廚房裡設置一間廁所 (1)使用方便 (2)節省時間 (3)增加效率 (4)是違法的。

24. （1）餐廳廁所應標示下列何種字樣？ (1)如廁後應洗手 (2)請上前一步 (3)觀瀑台 (4)聽雨軒。

25. （4）防止病媒侵入設施，係以適當且有形的 (1)殺蟲劑 (2)滅蚊燈 (3)捕蠅紙 (4)隔離方式 以防範病媒侵入之裝置。

26. （2）界面活性劑屬於何種殺菌、消毒方法？ (1)物理性 (2)化學性 (3)生物性 (4)自然性。

27. （1）三槽式餐具洗滌方法，其第二槽必須有 (1)流動充足之自來水 (2)滿槽的自來水 (3)添加有消毒水之自來水 (4)添加清潔劑之洗滌水。

28. (2) 以漂白水消毒屬於何種殺菌、消毒方法？ (1)物理性 (2)化學性 (3)生物性 (4)自然性。

29. (3) 有關急速冷凍的敘述下列何者不正確？ (1)可保持食物組織 (2)有較差的殺菌力 (3)有較強的殺菌力 (4)可保持食物風味。

30. (3) 下列有關餐飲食品之敘述何者錯誤？ (1)應以新鮮為主 (2)減少食品添加物的使用量 (3)增加油脂使用量，以提高美味 (4)以原味烹調為主。

31. (1) 大部分的調味料均含有較高之 (1)鈉鹽 (2)鈣鹽 (3)鎂鹽 (4)鉀鹽 故應減少食用量。

32. (1) 無機污垢物的去除宜以 (1)酸性 (2)中性 (3)鹼性 (4)鹹性 洗潔劑為主。

33. (4) 下列果汁罐頭何者因具較低的安全性，應特別注意符合食品良好衛生規範準則之低酸性罐頭相關規定？ (1)楊桃 (2)鳳梨 (3)葡萄柚 (4)木瓜。

34. (4) 食補的廣告中，下列何者字眼未涉及療效？ (1)補腎 (2)保肝 (3)消渴 (4)生津。

35. (1) 食補的廣告中，提及「預防高血壓」 (1)涉及療效 (2)未涉及療效 (3)百分之五十涉及療效 (4)百分之八十涉及療效。

36. (1) 食品的廣告中，「預防」、「改善」、「減輕」等字句 (1)涉及療效 (2)未涉及療效 (3)百分之五十涉及療效 (4)百分之八十涉及療效。

37. (4) 選購食品時，應注意新鮮、包裝完整、標示清楚及 (1)黑白分明 (2)色彩奪目 (3)銷售量大 (4)公正機關推薦 等四大原則。

38. (1) 配膳區屬於 (1)清潔區 (2)準清潔區 (3)污染區 (4)一般作業區。

39. (2) 烹調區屬於下列何者？ (1)清潔區 (2)準清潔區 (3)污染區 (4)一般作業區。

40. (3) 洗滌區屬於下列何者？ (1)清潔區 (2)準清潔區 (3)污染區 (4)一般作業區。

41. (4) 廚務人員（人流） 的動線，以下敘述何者為佳？ (1)污染區→清潔區→準清潔區 (2)污染區→準清潔區→清潔區 (3)準清潔區→清潔區→污染區 (4)清潔區→準清潔區→污染區。

42. (2) 某人吃了經污染的食物至他出現病症的一段時間，我們稱之為 (1)病源 (2)潛伏期 (3)危險期 (4)病症。

43. (4) A型肝炎是屬於 (1)細菌 (2)寄生蟲 (3)真菌 (4)病毒。

44. (3) 最重要的個人衛生習慣是 (1)一年體檢兩次 (2)隨時戴手套操作 (3)經常洗手 (4)戒菸。

45. (4) 個人衛生是 (1)個人一星期內的洗澡次數 (2)個人完整的醫療紀錄 (3)個人完整的教育訓練 (4)保持身體健康、外貌整潔及良好衛生操作的習慣。

46. (1) 廚房器具沒有污漬的情形稱為 (1)清潔 (2)消毒 (3)殺菌 (4)滅菌。

47. (2) 幾乎無有害的微生物存在稱為 (1)清潔 (2)消毒 (3)污染 (4)滅菌。

48. (3) 污染是指下列何者？ (1)食物未加熱至70℃ (2)前一天將食物煮好 (3)食物中有不是蓄意存在的微生物或有害物質 (4)混入其他食物。

49. (1) 國際觀光旅館使用地下水源者，每年至少檢驗 (1)一次 (2)二次 (3)三次 (4)四次。

50. (3) 廚師證照持有人，每年應接受 (1)4小時 (2)6小時 (3)8小時 (4)12小時 衛生講習。

51. (4) 廚師有下列何種情形者，不得從事與食品接觸之工作？ (1)高血壓 (2)心臟病 (3)B型肝炎 (4)肺結核。

52. (2) 依衛生標準直接供食者每公克的生菌數是10萬以下者為 (1)冷凍肉類 (2)冷凍蔬果類 (3)冷凍海鮮類 (4)冷凍家禽類。

53. (4) 下列何者與消防法有直接關係？ (1)蔬菜供應商 (2)進出口食品 (3)餐具業 (4)餐飲業。

54. (2) 衛生福利部食品藥物管理署核心職掌是 (1)空調之管理 (2)食品安全衛生之管理 (3)環境之管理 (4)餿水之管理。

55. (2) 一旦發生食物中毒 (1)不要張揚、以免影響生意 (2)迅速送患者就醫並通知所在地衛生機關 (3)提供鮮奶讓患者解毒 (4)先查明中毒原因再說。

56. (1) 食品或食品添加物之製造調配、加工、貯存場所應與廁所 (1)完全隔離 (2)不需隔離 (3)隨便 (4)方便為原則。

57. (3) 菜餚製作過程愈複雜 (1)愈具有較高的口感及美感 (2)愈具有較高的安全性 (3)愈具有較高的危險性 (4)愈具有高超的技術性。

58. (3) 餐飲新進從業人員依規定要在什麼時候做健康檢查？ (1)3天內 (2)一個禮拜內 (3)報到上班前就先做好檢查 (4)先做一天看看再去檢查。

59. (2) 沙門氏菌的主要媒介食物為 (1)蔬菜、水果等產品 (2)禽肉、畜肉、蛋及蛋製品 (3)海洋魚、貝類製品 (4)淡水魚、蝦、蟹等產品。

60. (3) 中餐技術士術科檢定時洗滌用清潔劑應置放何處才符合衛生規定？ (1)工作台上 (2)水槽邊取用方便 (3)水槽下的層架 (4)靠近水槽的地面上。

Chinese
Food
Cooking

MEMO

國家圖書館出版品預行編目資料

中餐烹調丙級技術士技能檢定：實務演示全攻略/歐美琳,
陳楷曄, 蘇信川, 陳恆潔, 劉月娥, 林詩潔, 粘志遠編著. --
六版.-- 新北市：新文京開發出版股份有限公司, 2023.08
　　面；　公分

　　ISBN　978-986-430-944-3（平裝）

　　1.CST：烹飪　2.CST：食譜　3.CST：考試指南

427　　　　　　　　　　　　　　　　　　　112011661

中餐烹調丙級技術士技能檢定

—實務演示全攻略（第六版）　　　　（書號：HT38e6）

編　著　者	歐美琳　陳楷曄　蘇信川　陳恆潔　劉月娥 林詩潔　粘志遠	
出　版　者	新文京開發出版股份有限公司	
地　　　址	新北市中和區中山路二段 362 號 9 樓	
電　　　話	(02) 2244-8188（代表號）	
Ｆ　Ａ　Ｘ	(02) 2244-8189	
郵　　　撥	1958730-2	
初　　　版	西元 2015 年 10 月 01 日	
二　　　版	西元 2016 年 03 月 01 日	
三　　　版	西元 2016 年 09 月 01 日	
四　　　版	西元 2018 年 04 月 10 日	
五　　　版	西元 2019 年 08 月 01 日	
六　　　版	西元 2023 年 09 月 15 日	